Dr. Bahram Bahrami

Geheimnisse der Evolution

Meine Theorien

Der Autor, Dr. Bahram Bahrami, hat Medizin und Physik studiert und ist Facharzt für innere Medizin . Er beschäftigt sich mit der theoretischen Forschung der Naturwissenschaften mit dem Schwerpunkt Astronomie und Medizin, hat zahlreiche bahnbrechende Theorien entwickelt, viele Entdeckungen gemacht und bereits mehrere Bücher publiziert.

Herstellung und Verlag : Books on Demand GmbH , Norderstedt

ISBN: 978-3-8370-1208-8

Die Prinzipien der Natur sind meist sehr einfach. Die Einfachheit ist jedoch so groß , daß sie zu durchschauen äußerst schwer sein kann.

Dr. B. Bahrami

Für die freundliche Überlassung der Bilder möchte ich mich bei Nasa-Hubble und PixelQuelle.de bzw. Pixelio.de bedanken .

Dieses Buch wird meiner lieben Frau Gerda gewidmet.

Inhaltsverzeichnis

Einleitung

Dieses Buch wendet sich nicht nur an Fachleute, sondern auch an das breite interessierte Publikum . Deswegen wurde bewußt versucht , so weit wie möglich , die Thematik durch einen relativ einfachen und gut verständlichen Text, durch Abbildungen, Graphiken und Zeichnungen auch für interessierte Laien verständlich und zugänglich zu machen.

Denn es muß jeden von uns interessieren und uns alle angehen, woher wir kommen , wie wir entstanden sind, und was später aus uns und aus unseren Nachkommen werden wird.

Aber völlig abgesehen von diesen Aspekten , **dürften die in diesem Buch abgehandelten äußerst faszinierenden Phänomene und deren Erklärungen jeden von uns beeindrucken .**

Dieses Buch unterscheidet sich in vielerlei Hinsicht von vielen anderen Büchern, die nur bekannte Tatsachen und Erkenntnisse wiedergeben bzw. wiederholen, und die Sachen beschreiben, ohne eine Begründung dafür zu geben bzw. sich damit kritisch auseinanderzusetzen. Der Autor setzt sich vielmehr mit vielen Phänomenen und

Rätseln kritisch auseinander, die bisher völlig unerklärbar und unlösbar waren und worauf bisher **niemand** eine Antwort gefunden hatte . Er **versucht sie zu begründen und auch für die Laien verständlich zu machen. Einige interessante Theorien und Entdeckungen von mir** , erklären ferner viele Phänomene , die bisher völlig rätselhaft waren .

Deswegen ist dieses Buch weniger reproduktiv, sondern mehr innovativ, kreativ und schöpferisch und erschließt viel Neuland .

Mehr möchte ich Ihnen an dieser Stelle nicht verraten, vielmehr es Ihnen selbst überlassen die Faszinationen dieses Buches bei der Lektüre selbst zu entdecken .

Dr. B. Bahrami

Kapitel 1

Vielfalt der Natur

Einführung in die Thematik

Die Natur ist äußerst vielfältig , voller Schönheit, voller Wunder, aber gleichzeitig voller Rätsel und Geheimnisse .

Wenn wir die Geheimnisse der Evolution lösen wollen, müssen wir uns zunächst mit der Natur sowie ihren Bestandteilen und Erscheinungen befassen und darüber nachdenken.
Das fängt mit der Betrachtung der Natur an .

Wir schauen uns zunächst einige faszinierende Bilder an :

Die beeindruckende Schönheit der **Blumen** , die Sie auf den Abb. 1-4 sehen spricht für sich selbst und bedarf somit keines weiteren Kommentars:

Bildquelle :PixelQuelle.de

Rose

(Abb. 1)

Bildquelle : PixelQuelle.de

Orchidee

(Abb. 2)

Bildquelle : PixelQuelle.de

Seerose

(Abb. 3)

Bildquelle :Pixelquelle.de

Dahlie

(Abb. 4)

Es gibt bekanntlich eine **riesengroße Zahl der Tier- und Pflanzenarten auf unserer Erde**, sodaß hier nur einige wenige Beispiele herausgegriffen werden können :

Bildquelle: PixelQuelle.de

Entenküken

(Abb. 5)

Bildquelle: PixelQuelle.de

Schwan

(Abb. 6)

Bildquelle : Pixelio.de

Fisch

(Abb. 7)

Bildquelle : Pixelio.de

Fisch

(Abb. 8)

Bildquelle : Pixelio.de

Bär

(Abb. 9)

Bildquelle: Pixelio.de

Hund

(Abb. 10)

Bildquelle : Pixelio.de

Schimpanse

(Abb. 11)

Die nächsten Abbildungen zeigen einige schöne Landschaften, einige Pflanzen bzw. Bäume ,sowie den Sonnen auf- und Untergang als Beispiele für einige faszinierenden Phänomene hier auf der Erde :

Bildquelle: Pixelio.de

Landschaft

(Abb. 12)

Bildquelle: Pixelio.de

Landschaft

(Abb. 13)

Bildquelle: Pixelio.de

Sonnenaufgang

(Abb. 14)

Bildquelle : Pixelio.de

Sonnenuntergang

(Abb. 15)

Bildquelle:Pixeluelle

Rotbuche

(Abb. 16)

Bildquelle : PixelQuelle.de

Sonnenuntergang

(Abb. 17)

Die schönsten , die perfektesten und die bisher am meisten entwickelten Individuen ,die an der Spitze der bisherigen

Evolution stehen , sind jedoch die Menschen ,wie die nächsten 2 Bilder zeigen :

Bildquelle: Pixelio.de

(Abb. 18)

Bildquelle: PixelQuelle.de

(Abb. 19)

Es gibt aber nicht nur Schönheiten hier auf der Erde, sondern das ganze Universum ist voller Pracht .

Auf der Abb. 20 sehen wir unsere **Erde** , wie sie uns vom Weltraum erscheint .

Sie nimmt in unserem Sonnensystem eine Sonderstellung ein , nicht nur wegen ihrer blauen Farbe, sondern auch deswegen , weil sie der einzige Planet ist, wo höher entwickelte intelligente Lebewesen existieren .
Schon ihre blaue Farbe verrät von weitem, daß hier größere Wassermengen vorhanden sind, eine wichtige Voraussetzung für die Entstehung des Lebens .

Bildquelle : Nasa

Erde

(Abb. 20)

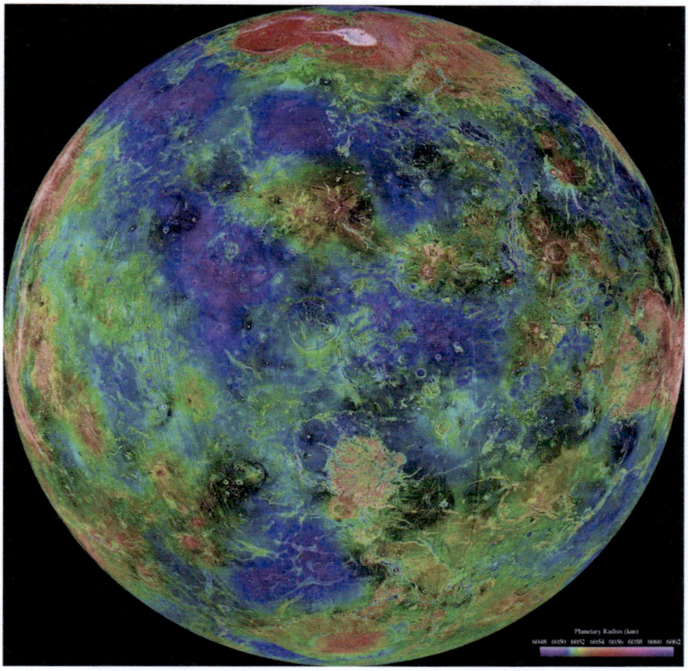

Bildquelle :Nasa

Venus

(Abb. 21)

Bildquelle: Nasa

Jupiter

(Abb. 22)

Abb. 23 zeigt unsere **Sonne** mit ihren sogenannten Sonnenflecken.
Auf der Sonnenoberfläche herrschen Temperaturen von ca. 5777 K , im Sonneninneren sogar Temperaturen von ca. 16

Millionen K. Jegliches Leben würde dort deswegen sofort zerstört werden.
Von der Ferne ist die Sonne aber ein wahrer Lebensspender, da ihre Sonnenstrahlen , die uns auf der Erde erreichen, unerlässlich sind für die Existenz der Lebewesen hier auf der Erde .

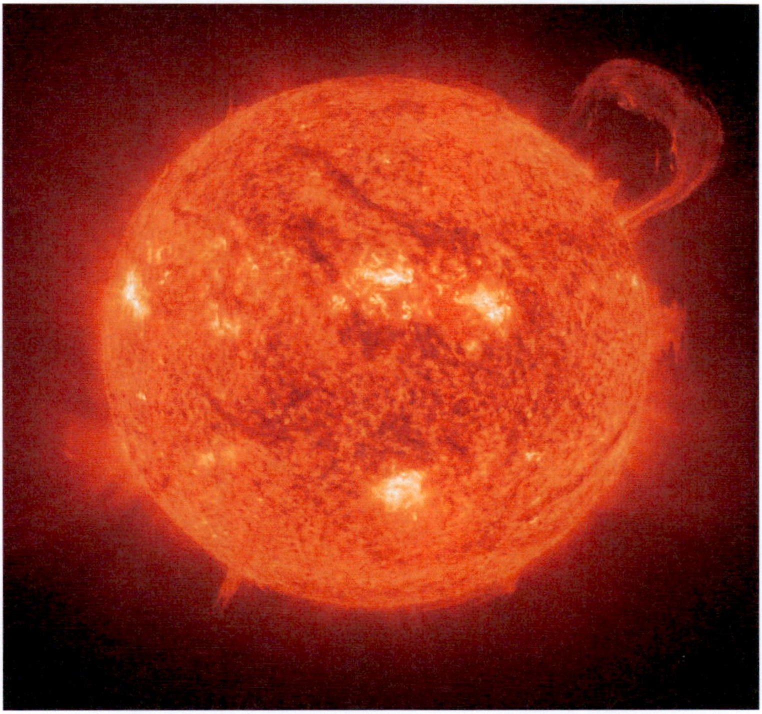

Bildquelle: Nasa-Hubble

Sonne
(Abb. 23)

Abb. 24 zeigt eine **Galaxie** , die ihrerseits die Beherbergungsstätte von Milliarden von Sternen bzw. Sonnen ist .

Bildquelle: Nasa-Hubble

Galaxie

(Abb. 24)

Es fällt sofort auf, daß wir in der Natur mit **äußerst vielfältigen Erscheinungen** zu tun haben.

Es fragt sich, warum die Natur so vielfältig ist und warum es so viele Erscheinungen und so verschiedene Sorten und Spezies (Arten) gibt .
Genügte z.B. nicht nur eine Tierart und eine Pflanzenart?

Diese große Vielfalt in der Natur hat ihren Grund darin , daß in der Natur bzw. im Rahmen der **Evolution das Bestreben besteht zu überleben** und daß von vornherein keineswegs bekannt ist , welche Art die größte **Überlebenschance** hat .

Es handelt sich somit um die Experimente der Natur, durch ständige Umwandlung , Verbesserung und Evolution möglichst perfekte Arten zu schaffen, die die meisten Überlebenschancen haben. .

Z.B. es entstehen Arten , die deswegen keine große Überlebenschance haben , da die von ihnen **benötigten speziellen Nahrungsmittel** knapp sind oder knapp werden. Oder es entstehen irgendwelche Arten, deren Überlebenschance deswegen sehr gering ist, weil sie sehr große **Feinde** haben , denen sie nicht gewachsen sind, z.B. sie werden von anderen Tieren gefressen, denen sie schutzlos ausgeliefert sind. Es ist klar, daß fertige Individuen nur sehr begrenzte Möglichkeiten haben , sich diesen Sachen anzupassen. Es **müssen** also neue Spezies und neue Individuen entstehen, die diese Fähigkeiten haben, um mit diesen Problemen fertig zu werden , z.B. sei es ,daß sie anders aussehen, sich vielleicht besser tarnen können, vielleicht erheblich schneller laufen können, oder andere Abwehrmöglichkeiten haben , etwa Hörner oder erheblich schärfere Zähne.

Es erhebt sich hier aber sofort die äußerst interessante, jedoch bis jetzt in der Wissenschaft unbeantwortet gebliebene Frage, wie werden diese Informationen zur Entstehung neuer Arten weitergegeben , wie entstehen neue Arten , wer plant dies alles , wer denkt über die Abhilfe und über die neuen Pläne nach und wie wird das durchgeführt?

Für die Vererbung, Weitergabe der Informationen an die Nachkommen, Baupläne der Körper und Verwirklichen dieser Pläne bei allen Lebewesen, sei es Menschen, Tiere oder Pflanzen , sind bekanntlich ausschließlich **Chromosomen** bzw. die dort lokalisierten **Gene** verantwortlich.

Wenn nun neue Arten entstehen sollten , oder Individuen mit anderen neuen Fähigkeiten , die die bisherige Art nicht besessen hat, **so sind Änderungen der Chromosomen und unter Umständen sogar die Änderungen ihrer Zahl innerhalb der einzelnen Zellen erforderlich** .

Wir wissen, daß die Chromosomenzahl für jede Art spezifisch ist. Die Chromosomenzahl pro Zelle beträgt z.B. **bei Menschen 46** , eine Zahl, die bei allen Menschen gleich ist (mit Ausnahme einiger seltenen angeborenen Leiden, wie z.B. das Down-Syndrom , Klinefelder –Syndrom oder Ullrich-Turner-Syndrom)) **während einzelne Tier-**

oder Pflanzenarten völlig andere Chromosomenzahlen haben, die wiederum für die jeweiligen Arten charakteristisch sind .

Wenn nun aus einer Art durch Evolution andere Arten entstehen sollen, so müßten zumindest einige Bausteine einzelner Chromosomen geändert werden . Dazu müßten die aus der Umwelt gewonnen Informationen an die Chromosomen weitergeleitet werden .

Es muß also ein Informationsaustausch stattfinden , zwischen der Umwelt und den Chromosomen .

Anhand des sogenannten **R-Faktors** im Rahmen einer **Resistenzentwicklung** in der Medizin möchte ich versuchen diese Thematik anschaulich zu machen:

Es gibt in der Medizin das Problem einer Resistenzentwicklung bei der Antibiotika-Therapie der Bakterien , d.h. daß einige Bakterien eine Resistenz gegen einige Antibiotika entwickeln können. Dies bedeutet z.B. ,daß einige Antibiotika, die bei der Markteinführung sehr gut wirksam waren, nach einiger Zeit gegen bestimmte Erreger keine Wirkung mehr zeigen. Es gibt mehrere Möglichkeiten einer Resistenzentwicklung .

Bei der Resistenzentwicklung im Rahmen des R-Faktors wird von einer resistenten Bakterie **durch Kontakt** Material (Gene) übertragen auf die andere Bakterie , sodaß nunmehr die andere vorher nicht resistente Bakterie ebenfalls resistent wird .

Es handelt sich bei diesem Vorgang ebenfalls um eine Verbesserung der Überlebenschance der neuen Bakterie, da das betreffende Antibiotikum die neue Bakterie nicht mehr zerstören kann .

Vor diesem Vorgang muß also ein **Informationsaustausch** zwischen den betreffenden Bakterien stattgefunden haben . **Der Vorgang selbst ist praktisch eine Abhilfemaßnahme zwecks Verbesserung der Überlebenschancen der neuen Bakterie , durch Übertragung von Eigenschaften .**

Chromosomen bestehen jedoch bekanntlich aus Nukleinsäure (DNA) . Es handelt sich um größere Moleküle, die aus jeweils 3 Bausteinen (Base, Pentose und Phosphorsäure) bestehen und jeweils in 2 Ketten gereiht wendelförmig angeordnet sind.
Bei den **Basen** handelt es sich praktisch um die **Buchstaben des Lebens** , wobei es sich nur um **4 Basen bzw. Buchstaben** handelt : Cytosin , Thymin (Pyrimidin-Derivate mit jeweils **einem** Ring)) , Adenin und Guanin (Purin-Derivate mit jeweils **2** Ringen). Sie werden abgekürzt als **C, T, A und G .**

Das Alphabet des Lebens bzw. das Code-System der Chromosomen arbeitet also nur mit 4 Buchstaben und trotzdem ist es möglich ,durch viele Kombinationen , so viele Informationen d.h. die gesamten erblichen Eigenschaften eines Individuums zu speichern .

Damit Sie sich ungefähr vorstellen können , um wieviele Informationen es sich dabei handelt , ist zu sagen **daß z.B. in den Chromosomen der Menschen ca. 3 Milliarden Buchstaben vorhanden** sind , dies wäre der Inhalt von **100**

Büchern mit jeweils 1000 Seiten , wobei jeweils 3 Buchstaben eine Information bilden.

Bei den Chromosomen handelt es sich dabei keineswegs um tote oder passive Moleküle , wie bisher angenommen worden ist , sondern ganz im Gegenteil, um lebendige und aktive Bausteine, die für die ganze Evolution und Überlebensbestrebungen aller Lebewesen unserer Erde aktiv verantwortlich sind . Wegen einer ausführlicheren Darstellung dieser Phänomene s. Kapitel 4.

Wie Sie sehen , handelt es sich hier um äußerst faszinierende Phänomene , Vorstellungen und Gedanken, worauf in den nächsten Kapiteln näher eingegangen wird. **Deswegen werden Sie selbst bei der Lektüre diese Buches feststellen, daß dieses Buch eine Fundgrube solcher faszinierenden Phänomene ist und u.a. auch einige diesbezügliche interessante bahnbrechende Theorien von mir beinhaltet , die diese Fragen beantworten und diese Probleme lösen.**

Im übrigen spielt das Bestreben nach einem Überleben d.h. nach einer Verbesserung der Überlebenschancen auch bei der sogenannten toten Materie im gesamten Universum eine fundamentale Rolle (wegen einer ausführlichen Darstellung und Einzelheiten s. meine diesbezügliche Theorien und wissenschaftliche Arbeiten) .

Es ist uns allen bekannt, daß z.B. die meisten Himmelskörper um die eigene Achse **rotieren** und die Planeten unseres Sonnensystem die Sonne **umkreisen** . **Haben Sie sich schon gefragt warum ?**

Z.B. die Rotation unserer Erde und die Umkreisung um die Sonne bieten von allen möglichen Bewegungen die besten Überlebenschancen für unsere Erde , da ohne die Rotation unsere Erde schon längst zerrissen und vernichtet worden wäre , durch die entgegengesetzte Wirkung der Gravitationskraft der Sonne einerseits und der Zentrifugalkraft andererseits.

Wegen einer ausführlicheren Darstellung dieser faszinierenden Phänomene **wird verwiesen auf mein Buch „Das Geheimnis der Entstehung des Universums, meine DPNS-Theorie" „, sowie auf meine diesbezüglichen wissenschaftlichen Arbeiten .**

Eins wollen wir jedoch hier zum Schluß dieses Kapitels festhalten: **Es gehört zu dem Wesen der Natur, zwar mit einfachen, aber mit vielfältigen Erscheinungen zu arbeiten .**

Kapitel 2

Die Stufen der Evolution

Woher sind wir gekommen?
Wohin gehen wir ?
Wer hat uns geschaffen?
Was ist das Ziel der Evolution?
Wer steuert die Evolution?
Was ist der Sinn der Evolution ?

Meine Definition des Begriffes Evolution geht erheblich weiter, als die herkömmliche Definition von Darwin.

Ich unterscheide zwischen **5 Stufen der Evolution** und definiere sie wie folgt :

1. **Stufe der Evolution : Die Entstehung der Elementarteilchen und der Grundbausteine des Universums, nämlich Wasserstoff- und Helium-Atome:**

Nach der Entstehung des Universums bzw. nach dem Beginn der Expansion des Universums entstand laufend **Energie** (vergl. **mein Buch „ Das Geheimnis der Entstehung des Universums, meine DPNS-Theorie“),** sodaß es nur **Energie** bzw. **Energiewellen** existierten, **die sich durch Schwingungen ausbreiteten aber noch kein geschlossenes System bilden konnten** . Es waren aber noch gar keine Atome oder gar Moleküle vorhanden .

Nach den **Wahrscheinlichkeitsgesetzen** verteilte sich diese Energie nicht gleichmäßig, sondern **ungleichmäßig,** , z.B. ähnlich wie die Regentropfen, die bekanntlich nicht gleichmäßig verteilt sind. Es bildeten sich dadurch einzelne **Konzentrationspunkte** .

Durch die große Gravitationskraft der Energie (vergl. **meine diesbezüglichen wissenschaftlichen Arbeiten , meine Gravitationsformel, ferner mein Buch „Revolution der Astronomie und Physik, meine Theorien“)** vergrößerten sich diese einzelnen Kondensationspunkte ständig , indem laufend neue Energie angezogen werden konnte . Dadurch nahm die Gravitationskraft ständig und rasant zu und erreichte gigantische Dimensionen. Durch die ständig hinzukommenden Energieströme setzte sich gleichzeitig eine **Rotation** ein . Es entstanden so die ersten **pränatalen Galaxien (s. meine wissenschaftliche Arbeit „Pränatale Galaxie- und Sternentwicklung bzw. Entstehung der Materie im Universum“).**

Die ständig größer werdende Gravitation führte so zur wachsenden Verdichtung und somit zu **rasanter Erhöhung der Temperatur und des Drucks** . Durch diese enorm hohen Temperatur- und Druckverhältnisse

wurden die Energiewellen so massiv komprimiert, daß sie sich zu Materie verdichteten, in dem aus offenen Energiewellen geschlossene Materiewellen wurden. So entstanden zunächst die ersten **Elementarteilchen** im Universum, wodurch die Energie teilweise gebunden und gefesselt wurde, sodaß deswegen die Gravitation danach nunmehr wieder etwas abnahm .

Dies führte wiederum zur Abnahme der Verdichtung und somit **zur Abnahme der Temperatur und Druck** . Diese Abnahme der Temperatur ermöglichte ihrerseits die ersten Verschmelzungen von Elektronen mit Protonoten bzw. Elektronen mit Prototonen und Neutronen und somit die Entstehung der ersten **Wasserstoff- und Helium-Atome.** So entstanden mehr und mehr die Grundbausteine des Universums inform von Wasserstoff- und Heliumatomen und somit die erste **Materie**.

Durch die Bildung der Materie **entstanden aus den offenen Energiewellen nunmehr geschlossene Energiewellen** ,d.h. sie breiteten sich nicht mehr aus , sondern führten sozusagen Schwingen praktisch an einem Ort aus.
Es handelte sich hierbei um eine Weiterentwicklung , insofern als die Bewegungen sozusagen ortsansässig wurden.

Die Grundbausteine des Universums, die Wasserstoff- und Helium-Atome mußten also zunächst bei enorm hohen Temperaturen in den pränatalen Galaxien sozusagen gebacken werden.

2. **Stufe der Evolution:** Es handelt sich um die **Entstehung der anderen schwereren Atome durch Kernfusion .**

Es entstand immer mehr Wasserstoff- und Helium-Atome . Die Gravitation sorgte dafür, daß sich die Wasserstoff- und Helium-Atome näher kamen und ihrerseits die ersten Gruppen bzw. Haufen bildeten, sodaß die ersten **Sterne** entstanden .

Ebenfalls durch die Gravitationskraft verdichteten sich die ersten entstandenen Sterne immer weiter , **mit der Folge daß die Drucke und Temperaturen im Inneren der Sterne anwuchsen,** so daß die ersten **Kernfusionen** in Gang gesetzt werden konnten. **Es entstanden nun langsam die schwereren Atome durch die Kernfusion** , bis im Laufe der darauffolgenden Jahre langsam auch die übrigen Atome der Mendelejewschen Tabelle des Periodensystems der Elemente bis zu den Uran-Atomen mit einem hohen Atomgewicht von 238 und Ordnungszahl 92 entstanden.

So mußten die schweren Atome bei enorm hohen Temperaturen im Inneren der Sterne zuerst sozusagen gebacken werden .

Es muß nochmals ausdrücklich betont werden, daß für diese 1. und 2. Stufe der Evolution d.h. für die Entstehung der Atome enorm hohe Temperaturen erforderlich sind und deswegen die Atome auf den Planeten <u>nicht</u> entstehen können.

Deswegen sind für diese 2. Stufe der Evolution unbedingt erforderlich :

a. ***Die Sterne***

b. ***Milliarden Jahre***

3. **Stufe der Evolution** : Das ist die **Entstehung der Moleküle** : Die normale Nova- oder Supernova-Explosionen der Sterne der 1. Generation lieferten das Material für die Entstehung der Sterne der 2. Generation und **Planeten** , wozu z.B. auch unsere Sonne mit ihren Planeten gehört .

Auf den kühleren <u>Planeten</u> konnten nunmehr die Moleküle entstehen , von Wasser-Molekülen bis zu den größten Molekülen , **da für die Molekül-Entstehung niedrige Temperaturen erforderlich sind** und hohe Temperaturen zu deren Zersetzung führt. **Moleküle können also nur auf den kühleren Planeten entstehen und nicht in den Sternen bzw. Sonnen.**

Von dem Zeitpunkt der Atomentstehung bis zum Zeitpunkt der Molekülentstehung mußten also **mindestens mehrere Milliarden Jahre** Zeit vergehen (von der Geburt bis zum Tode eines Sterns).

Auch hier muß unbedingt ausdrücklich betont werden, daß für die Entstehung der Moleküle unbedingt kühlere Temperaturen erforderlich sind,

und daß sie deswegen nicht auf den Sternen, sondern nur auf Planeten entstehen konnten.

Durch die Entstehung der Moleküle wurden die **Schwingungen** insofern **komplizierter**, als die Moleküle nicht nur insgesamt um sich schwingen, sondern daß auch einzelne Atome und Atomgruppen innerhalb der Moleküle Schwingungen durchführen.

Die Entstehung der **ringförmigen Molekülen**, wie Benzol war die nächst höhere Entwicklung . **Die Ringbildung ist meines Erachtens überhaupt die Voraussetzung für die Entstehung des Lebens, da durch die Ringbildung Resonanzerscheinungen auftreten , die zur erheblichen Stabilität und Festhalten von Phänomenen führen**.

Für die 3. Stufe der Evolution, d.h für Molekül-Entstehung sind also unbedingt erforderlich:

a. ***Kühlere Temperaturen* , die nur auf Planeten vorhanden sind.**

b. ***Die Zeitdauer von mehreren Milliarden Jahre*** , (die für die Atom-Entstehung erforderlich ist,) . Diese Zeit muß vorausgehen, da die Moleküle bekanntlich aus Atomen bestehen, und ohne Atome nicht aufgebaut werden können.

4. **Stufe der Evolution** : Nach der Entstehung der Moleküle entstanden irgendwann schließlich auch die schwereren und komplizierteren Moleküle zu denen auch die **DNA-Moleküle** gehören , die die Bausteine der

Chromosome bilden und die Träger des Lebens sind. Das ist die 4. Stufe der Evolution , die gleich bedeutend ist mit der **Entstehung des Lebens.**

Zum besseren Verstehen dieses Vorganges muß ich einige Erläuterungen geben:

Jedes Molekül hat bestimmte , aber **völlig andere Eigenschaften** als seine atomaren Bestandteile . Z.B. das **Wasser-Molekül** ist bekanntlich **flüssig** (während beide seiner atomaren Bestandteile , nämlich Wasserstoff und Sauerstoff , **gasförmig** und keineswegs flüssig sind), das **Salz-Molekül** ist weiß , fest und schmeckt salzig (während seine atomaren Bestandteile , nämlich Na und Cl keineswegs salzig schmecken , Cl ist gasförmig und hat einen stechenden , zum Hustenreiz führenden Geruch, und Na ist ein Alkalimetall und hat somit metallische Eigenschaften) usw.

Die **DNA-Moleküle** haben eben Eigenschaften, die wir als Leben bezeichnen, sie besitzen z.B. die Eigenschaft der **identischen Reproduktion**, die **Eigenschaften über die Bildung von Enzymen Befehle zu geben** , sich einen **Stoffwechsel aufzubauen**, zu **wachsen** und sich zu **organisieren**, wie z.B. durch **Zellbildung** und durch **Zellteilung** und somit die Eigenschaft zur Bildung von größeren Lebewesen.

Es muß betont werden, daß die **Kommando-Zentrale** zur Erteilung der Befehle in den DNA-Molekülen selber verankert ist, d.h. die DNA- Moleküle sind selber **aktiv** und sie haben selber das Vermögen, Befehle aktiv zu erteilen, d.h. sie haben **Lebenseigenschaften** , genauso wie andere Moleküle andere Eigenschaften haben.

Mit der Entstehung der Nukleinsäure ist in der Natur das Leben entstanden ,das sich im Laufe der Milliarden Jahre der Evolution ständig weiterentwickelt hat, sich perfektioniert hat. Insbesondere die Entwicklung des **Gehirns** muß deswegen als direkte Komplettierung und erhebliche Weiterentwicklung der Kommando-Zentralen der DNA bezeichnet werden .

Die DNA-Moleküle sind , wie oben bereits erwähnt, die Träger des Lebens. Zur **Verwirklichung** des Lebens benötigen sie die **Zelle**, die sie entweder selber aufbauen , oder besorgen müssen , wie z.B. bei Viren.

Die Viren bestehen praktisch aus DNA , sie sind sozusagen **das Leben in Wartestellung**. Zur Verwirklichung des Lebens überfallen sie aktiv fremde Zellen , dringen in sie ein und programmieren sie um, in dem sie ihre DNA in die Zelle einbringen. Dies geschieht z.B. bei Virus-Krankheiten .

Diese Vorgänge des Lebens in Wartestellung und die Verwirklichung des Lebens durch die Zelle können wir uns am besten durch folgende Beispiele klar machen :

a. Ein Handwerker , der keine Werkzeuge hat , hat zwar alle Kenntnisse , die zu Ausübung seines Berufes erforderlich sind , kann aber trotzdem seinen Beruf erst ausüben, wenn er Werkzeuge hat .

b. Ein Chirurg kann ohne das chirurgische Instrumentarium seinen Beruf kaum ausüben und kann keine Operationen durchführen, und erst durch das Instrumentarium wird er in die Lage versetzt , seinen Beruf auszuüben.

c. Ein Fabrikant , ohne Fabrik, ist nicht in der Lage zu fabrizieren, und erst durch die Fabrik wir er dazu befähigt, obwohl er auch schon vorher alle Kenntnisse zur Produktion besaß.

5. **Stufe der Evolution : dies entspricht erst dem Darwinschen Begriff der Evolution**. Aus den Einzelligen entstehen die Vielzelligen, aus deren weiteren Evolution die ganze Vielfalt der Pflanzen und Tiere entstehen, die wir kennen.

Vor der Einzelligen müssen die Viren entstanden sein, da sie praktisch nur aus Nukleinsäure bestehen .

Auch diese 5. Stufe der Evolution brauchte sehr lange Zeit bis die ersten Menschen entstanden, nämlich ca. 3,5-4 Milliarden Jahre.

Es gibt im übrigen einen Ort auf der Erde, wo die Seiten dieser 5. Stufe der Evolution wie die Seiten eines Buches aufgeschlagen und somit sichtbar sind . Das ist **Grand Canyon** in der USA, wo an den Wänden der Schluchten die Tiere , die in der letzten ca. 2,5 Milliarden Jahre auf der Erde gelebt haben Schicht für Schicht in Form von Fossilen von der Natur festgehalten, freigelegt und somit sichtbar sind.
Dort ist z.B. zu sehen , welches Tier (als Fossil) in welcher Epoche der Erdgeschichte gelebt hat.

Zusammengefaßt mußten also zunächst die eigentlichen Bausteine der Lebewesen , nämlich die Atome , bei sehr hohen Temperaturen über einen Zeitraum von mehreren Milliarden Jahren anderswo in den Galaxien und Sternen gebacken werden bevor Moleküle und Lebewesen , für deren Entstehung erheblich kühlere Temperaturen erforderlich sind , auf einem Planeten wie die Erde entstehen können .

Die Atome unseres Körpers sind deswegen mehrere Milliarden Jahre alt und sind irgendwann vor mehreren Milliarden Jahre im Inneren einer Galaxie und eines Sterns anderswo, außerhalb unseres Sonnensystems , entstanden. Eine phantastische Vorstellung !!!

Wer führt eigentlich die Evolution herbei bzw. was ist die eigentliche Ursache der Evolution?

Doch dieses faszinierende Thema wird dem Kapitel 4 vorbehalten sein.

Kapitel 3

Das eigentliche Ziel der Evolution

Meine Theorie und Entdeckung

Was ist das Ziel der Evolution ? Weshalb entstanden die Vögel? Weshalb entstand der Mensch? Wer steuert die Evolution? Sind wir das Endziel der Evolution ?

Das Leben entstand auf der Erde vor ca. 4 Milliarden Jahren.

Das erste Leben auf der Erde entstand im Wasser, d.h. im Ozean, da die Atmosphäre noch keinen Sauerstoff hatte und somit auch keine Ozonschicht besaß, so daß die UV-Strahlen bis zu der Erdoberfläche durchdringen konnten und jedes Leben auf dem Land zerstört hätten.

Deswegen vollzog sich die Evolution zuerst im Wasser.

Zuerst entstanden wahrscheinlich die **Nukleinsäuremoleküle einschließlich der DNA** , und somit auch die Viren, da sie praktisch nur aus Nukleinsäure bestehen.

Dann erstanden die **1-zelligen** (Bakterien und Protozoen),

Sowohl die Viren als auch die Bakterien waren offenbar so widerstandsfähig, daß sie bis heute überlebt haben und immer noch existieren.

Die Einzelligen kannten sozusagen keinen natürlichen Tod und waren deswegen praktisch in der Lage immer weiter zu leben, sie teilten sich in gewissen Abständen in 2 Hälften und so entstanden die Nachkommen . Es entstand nie zwangsläufig eine Leiche , sondern sie waren praktisch **unsterblich.**

Die weiteren Entwicklungsmöglichkeiten der Einzelligen waren aber stark begrenzt , da zur weiteren Differenzierung Zellverbände bzw. Organe erforderlich sind. Die Evolution wäre sonst damals schon zu Ende gewesen.

Deswegen war die nächste Stufe der Evolution die Entstehung von **Vielzelligen .**

Sehr erstaunlich ist, daß die ersten Vielzelligen erst vor ca. 0,5 Milliarden Jahren d.h. erst vor ca. 500 Millionen Jahren entstanden, obwohl wie bereits erwähnt, das Leben auf der erde schon vor ca. 4 Milliarden Jahren entstand . Dies bedeutet daß ca. 3,5 Milliarden Jahre nur Einzellige auf der Erde lebten .

Für die Entstehung der Vielzeligen mußte jedoch ein sehr hoher Preis bezahlt werden , nämlich die **Sterblichkeit .**

Ein differenzierter Zellverband konnte sich nämlich nicht mehr wie die Einzelligen in 2 Hälften aufteilen und so immer weiter bestehen, sondern war bereits **sterblich**.

Die äußerst interessanten Phänomene Leben und Tod konnten hier leider nur gestreift werden , da sie sonst den Rahmen dieses Beitrages sprengen würden. Deswegen wird wegen einer erheblich ausführlicheren Darstellung verwiesen auf **mein Buch „ Leben, Krankheit, Alter, Tod“.**

Die **Pflanzen** haben bekanntlich die Fähigkeit der **Photosynthese,** d.h. sie können durch ihr **Chlorophyl** unter der Ausnutzung des Sonnenlichtes Wasseratome (H_2O) spalten und **Sauerstoff** (O_2) freisetzen.

Deswegen schufen erst **die Algen und die anderen einfachen Pflanzen** , die auf der Erde entstanden , **die eigentliche wichtigste Voraussetzung für die Entstehung der Tiere** auf der Erde, da die Tiere bekanntlich selbst nicht in der Lage sind Sauerstoff zu bilden.

Die Erde wurde nach und nach besiedelt von immer differenzierteren und weiter entwickelten Pflanzen und Tieren , die ebenfalls zuerst sehr einfach aufgebaut waren, sich jedoch durch die Evolution immer weiter entwickelten und differenzierten : Es waren z.B. die Porifera (Schwämme) , Quallen , Korallen , Plathelmintes sowie die übrigen Würmer , Arthropoda, die die großen Klassen der Cholicerata (Spinnen) und vor allem Tracheata (Insekten) beinhaltet , die Mollusca (z.B. Muscheln und Schnecken)., Echinodermata (wie Seestern), und dann die Chordata , mit dem Unterstamm Verterbrata (= **Wirbeltiere**) .

Die Wirbeltiere ihrerseits beinhalten : Die Fische (Pisces), die, am einfachsten gebaut sind und bekanntlich nur im Wasser leben können, die Amphibien , wie Frösche, die im Wasser geboren werden , aber später ans Land gehen , dann die Reptilien wie Schlangen und Krokodile , die Vögel (Aves) und vor allem die wichtige , sehr weit entwickelte Klasse der **Säugetiere** (Mammalia) , mit der Unterklasse Placentalia (Placentatiere), zu der auch die Primaten (Affenartige) gehören. Hier sind auch die ersten **Menschen** entstanden, die aus einen gemeinsamen Urahnen hervorgegangen sind.

Durch die **Photosynthese** der Pflanzen reicherte sich die Atmosphäre zunehmend mit **Sauerstoff** an , so daß in der oberen Atmosphäre eine **Ozon-Schicht** entstehen konnte so daß die UV-Strahlen nicht mehr bis zur Erdoberfläche durchdringen konnten. Erst ab jetzt bestand die Möglichkeit, daß die entstandenen Lebewesen vom Wasser herauskommen und sich **auf dem Land** aufhalten können.

Da die Tiere sich bewegen konnten , bestand nunmehr auch eine weitere Voraussetzung für das Auswandern der Lebewesen aus dem Wasser auf das Land.

Die ersten Tiere , die aus dem Wasser herauskamen waren die Amphibien.

Das Leben auf dem Land entwickelte sich weiter bis auch die Säugetiere entstanden.

Nun war es Zeit auch den **Luftraum** auszunutzen. Das geschah durch die entstandenen **Vögel** (dies war allerdings in begrenztem Umfang schon geschehen durch die vorher existierten **Insekten**).

Die Vögel konnten jedoch die Atmosphäre nicht verlassen und nicht etwa in den Weltraum einzudringen, da dies durch Flügel und Ähnliches nicht möglich ist.

Der **Urmensch** entstand vor ca. 3-4 Millionen Jahren , der **Frühmensch** erschien vor ca. 600 000 Jahren und der Neandertaler vor ca. 300 000 Jahren. **Der jetzige Mensch** (**Homo sapiens sapiens**) ist sogar wahrscheinlich erst vor ca. 40 000 -100 000 Jahren entstanden.

Die Evolution der Menschen vollzog sich somit ebenfalls in mehren Stufen . Die ersten Menschen , die entstanden, waren noch **affenähnlich** und hatten erheblich kleinere Schädel als wir. Sie vertrieben ihre Zeit hauptsächlich mit der Jagd .

Die Menschen entwickelten sich weiter, ihr Aussehen wurde immer mehr menschenähnlicher und **ihr Schädel wurde größer.**

Die früheren Menschen beschäftigten sich, wie bereits erwähnt , hauptsächlich mit der Jagd und bauten sich Gegenstände zu Jagd und zur Verteidigung. Dies wissen wir z.B. aufgrund der Werkzeuge , die wir von den früheren Zeiten gefunden haben und durch die Höhlenmalereien ,die bis heute erhalten geblieben sind

Aus der Geschichte geht ferner hervor, daß die Menschen sich früher hauptsächlich für Kämpfe , Kräftemessungen, Schlachten ,Kriegen und Landeroberungen interessierten , und weniger für geistige Tätigkeiten.

Die großen Fortschritte konnten jedenfalls erzielt werden erst in den letzten 2-3 Hundert Jahren und insbesondere erst im 20. Jahrhundert. Es entstand eine zunehmende **Industrialisierung** , es entstanden Autos, Flugzeuge, Radio- und Fernsehgeräte usw.

In den Fünfziger Jahren entwickelte sich ferner die **Raumfahrt und Satellitentechnik.**
Es handelte sich gleichzeitig um einen großen Schritt im Sinne der Evolution.

Wir haben oben bereits erwähnt , daß unsere ersten Urahnen schon vor ca. 3-4 Millionen Jahre aufgetaucht sind.

Weshalb sind nun die Fortschritte der Menschheit so spät gekommen?

Es erhebt sich hier die Frage , ob wir intelligenter sind, als unsere Urahnen?

Was unser Leben revolutioniert und die heutige Zivilisation ermöglicht hat, ist die **Technik** und die **Industrialisierung.**

Voraussetzung für diese großen Fortschritte der Technik , z.B. Automobil- oder Flugzeugbau , Elektronik , Raumfahrttechnik usw. , ist gewesen die Entdeckung von einigen Rohstoffen wie **Eisen** (Fe) , Kupfer (Cu), Silicium (Si) und ferner die Entdeckung und Beförderung von Energiestoffen **Kohle** und **Öl** , und natürlich **Intelligenz**.

Die Voraussetzungen für die Entwicklung der Technik wären also schon viel früher, d.h. mehrere Tausend Jahre früher vorhanden gewesen , da alle dieser Roh- und Energiestoffe schon vorhanden waren und sozusagen nur auf ihre Entdeckung warteten . Weshalb kamen die erheblichen technischen Fortschritte erst so spät?

Ich kann Ihnen an dieser Stelle schon so weit verraten, daß auf diese sehr interessante Thematik im Kapitel 9 ausführlich eingegangen wird und diese Fragen ausführlich abgehandelt und beantwortet werden.

Was ist das eigentliche Ziel der Evolution ?

Meine Theorie und Entdeckung des Ziels der Evolution :

Um die eigentlichen Ziele der Evolution besser beantworten und besser verstehen zu können ,stellen wir das oben dargestellte zunächst wie folgt zusammen:

Bakterien
Protozoen
Porifera
Algen — **Wasser**
Wasserpflanzen
usw. s. oben
bis Fische

Amphibien
Reptilien — **Land**
Primaten und Menschen

Vögel (und Insekten) — **Luftraum**

Aus dieser Zusammenstellung wird sofort folgendes ersichtlich : **Zuerst wurden die Gewässer erobert, dann das Land und dann der Luftraum . Es handelt sich somit um eine zunehmende Raumgewinnung und Ausbreitung der Lebensräume , d.h. es wurden jeweils neue Lebensräume erschlossen zur weiteren Entwicklung und zur weiteren Evolution . Es handelt sich damit um Bestrebungen zwecks Überleben , d.h. dies alles diente dazu, die Überlebenschancen zu vergrößern.**

Mit dem Erschließen des Luftraums fand dieser Prozeß ein vorläufiges Ende, da die nächste Stufe der Evolution, nämlich die Erschließung und Eroberung des Weltraums d.h. das Verbreitern in den Weltraum ,den bisherigen Lebewesen etwa durch Entwicklung von etwa anderen Flügeln oder ähnliches nicht möglich war . **Dies bedeutet , daß die nächste Stufe der Evolution ,d.h. die Eroberung**

des Weltraums ,nicht mehr direkt, sondern nur <u>indirekt</u> bewerkstelligt werden konnte.

Es bestand nur eine einzige Möglichkeit, dieses Problem zu lösen : **durch Weiterentwicklung der <u>Intelligenz</u> , bzw. durch Entwicklung von intelligenteren Wesen**, die in der Lage wären ,über das Problem **nachdenken**, und das Problem etwa **durch technische Entwicklungen** (etwa durch Raketentechnik) zu lösen .

Deswegen entstanden als nächste Stufe der Evolution die **Menschen** , die mittlerweile die Weltraumtechnik entwickelt haben und dabei sind sich in den Weltraum auszubreiten, und werden sehr wahrscheinlich in einigen Jahren in der Lage sein, andere Planeten wohnbar zu machen und zu besiedeln .

Diese Höhere Stufe der Evolution konnte also deswegen nicht durch die Natur direkt , sondern indirekt über die Schaffung von intelligenten Wesen in Form von intelligenten Menschen und durch technische Entwicklung der Weltraumtechnik durch Menschen erreicht werden, alles ebenfalls zwecks weiterer Verbesserung der Überlebenschancen bzw. um langfristig besser überleben zu können, und als Fortsetzung des Trends, Wasser, Land, Luftraum .

Auch aus der vergleichenden Darstellung der Arten und Organe (vergl. Kapitel 5 und 12) geht ebenfalls eindeutig hervor, daß das Ziel der Evolution die Verbesserung der Überlebenschancen ist. Das ist geschehen durch immer verbesserten Möglichkeiten der Anpassung an die Umgebung , durch laufende versuche der besseren

Verteidigung , durch Erschließung und besserer Ausnutzung der Nahrungsmittel usw.

Wir fassen das alles zusammen :

Das eigentliche Ziel der Evolution ist : das Bestreben zu überleben bzw. die laufende Verbesserung der Überlebenschancen.

Dies wurde und wird erreicht durch :

1. **Laufende Anpassung an die Umgebung .**
2. **Tendenz zur Vervollkommnung**
3. **Raumgewinnung durch Ausbreitung (Wasser → Land → Luft → Weltraum .**
4. **Somit auch Entstehung intelligenter Wesen (Menschen)**

Was ist die Ursache der Evolution bzw. wie geht sie vor sich? Wer entwickelt die Pläne dazu? Woher erfährt die Natur z.B. daß eine Tierart keine Überlebenschancen hat ?

Diese Fragen werden im Kapitel 4 ausführlich beantwortet, aber hier nur soviel:

Es muß betont werden, daß die Evolution keineswegs immer geradlinig verlief und teilweise sogar auch schief

ging, d.h. daß die obigen Ziele keineswegs immer und mit jeder Stufe bzw. mit jedem Versuch der Evolution gelungen sind. Z.B. der Versuch , einige Lebewesen mit Hörnern zu versehen, damit sie sich besser gegen ihre Feinde verteidigen können, damit sie nicht gefressen werden , mißlang z.B. bei Elchen, da ihre Hörner so unpraktisch sind, daß sie sie gegenüber den Raubtieren keineswegs schützen können . Oder sogar die Schaffung der großen Raubtiere (z.B. Löwen und Leoparden),die mit ihren scharfen Zähnen, fast alle Tiere fressen können , brachte sie nicht erheblich weiter , da in der Evolution Menschen auftauchten, die in der Lage wären den gesamten Bestand der Raubtiere durch Erschießen zu vernichten, was vermutlich auch geschehen wäre, wenn keine geeigneten Gesetze entstanden wären.

Eigenschaften , die sich nicht bewährten ,wurden durch die Evolution wieder abgeschafft. Es sind im Laufe der Evolution sogar ganze Arten abgeschafft worden. So sind bis jetzt sage und schreibe ca. 500 Millionen Arten durch die Evolution ganz abgeschafft worden..

Ist die Evolution schon abgeschlossen oder geht sie weiter?

Die Evolution ist keineswegs abgeschlossen und wird weiter gehen .

Wie wird die weitere Evolution in Zukunft aussehen?

Die weitere Evolution in der Zukunft wir höchst wahrscheinlich so aussehen:

Zunahme und Weiterentwicklung der Intelligenz, Zunahme der Beweglichkeit , Zunahme der Schnelligkeit. Die Folge wird sein die zunehmende Eroberung des Weltraums, zwecks weiterer Verbesserung der Überlebenschancen.

Diese Weiterentwicklung , insbesondere die Weiterentwicklung der Intelligenz mit der Folge der weiteren Technisierung bringt jedoch eine erhebliche Gefahr mit sich, nämlich die Gefahr der Vernichtung der gesamten Evolution und aller Lebewesen .

Es bleibt zu hoffen, daß diese Gefahr nie Wirklichkeit wird .

Kapitel 4

Meine Theorie

Von Ursache und Mechanismus

der Evolution

Wer führt eigentlich die Evolution herbei bzw. was ist die eigentliche Ursache der Evolution? Wie funktioniert sie ?

Meine nachfolgende Theorie von Ursache und Mechanismus der Evolution beantwortet diese Frage:

Die DNA-Moleküle haben nicht nur die Fähigkeit des Lebens, sondern sie haben bereits eine Art **quasi Instinkt zum Überleben, können bereits planen, organisieren , ausprobieren ,und müssen auch in gewissem Umfang quasi denken können .** Das (quasi) Denkvermögen der DNA-Moleküle ist selbstverständlich nicht so differenziert , detailliert und kompliziert vorzustellen, etwa wie beim Menschen, sondern als ein Denkvermögen sehr einfacher

Art , vergleichbar etwa mit einem Instinkt. zum Überleben , Überlebensstrategien zu entwickeln bzw. auszuprobieren und das, was wir eben als Evolution der Lebewesen bezeichnen. Anders ist die Evolution nicht vorstellbar.

Unser Denkvermögen bzw. das Denkvermögen unseres Gehirns ist selbstverständlich erheblich differenzierter und komplizierter und deswegen überhaupt nicht vergleichbar und weit entfernt von dem sehr einfachen (quasi) Denkvermögen der DNA, da abgesehen davon , daß die Chromosomen selbstverständlich kein Gehirn besitzen und nur Moleküle sind, unser Gehirn und somit unser Denkvermögen durch die Evolution im Laufe mehrerer Milliarden Jahren nach und nach und Schritt für Schritt sich entwickelt und perfektioniert hat , allerdings Dank der DNA-Steuerung.

Die Darwinsche Theorie der natürlichen Selektion kann nur einiges erklären , jedoch keineswegs die gesamten Vorgänge der Evolution. Die normalen Nachkommen der einzelnen Tiere können zwar etwas verschieden sein, jedoch niemals so verschieden , daß z.B. die normalen Nachkommen der Landtiere Flügel hätten, auch nicht andeutungsweise.

Nur mit der natürlichen Selektion und Kampf ums Überleben bzw. Weiterkommen der robusteren Nachkommen können keineswegs alle Probleme der Evolution gelöst werden , sondern bestenfalls nur minimale Veränderungen.

Die Rolle der DNA muß dringend überdacht und erweitert werden. Bei DNA handelt es sich keineswegs um passive Moleküle ,wie bisher angenommen worden ist, die etwa von anderswo Befehle bekommen würde, sondern es handelt sich durchaus um <u>aktive</u> Moleküle ,

mit der Eigenschaft des aktiven Lebens, d.h. sie sind selbst das Leben und die Komando-Zentralen der aktiven Lebensvorgänge

Im Rahmen dieses Buches konnte leider nicht noch ausführlicher auf diese Probleme eingegangen werden. Deswegen muß wegen einer ausführlicheren Darstellung dieser äußerst interessanten Problematik auf **mein Buch „Leben, Krankheit , Alter, Tod“ verweisen werde, das auch weitere sehr interessante Theorien von mir beinhaltet.**

In der Natur ist im Laufe der Milliarden Jahre alles mögliche von den DNA-Molekülen bzw. Chromosomen **ausprobiert** worden. Das Ergebnis sind die verschiedenartigsten Lebewesen, die entstanden sind. Wenn sich eine Sache nicht bewährt hat, so wurde deswegen wieder eliminiert. Z.B. einige entstandenen Arten bzw. Lebewesen hatten Eigenschaften, die für das Existieren nicht geeignet waren. Z.B. einige Tiere verfügten nicht über ausreichende Verteidigungsmittel, und wurden deswegen laufend von anderen Tieren gefressen und hatten so keine Chancen längere Zeit weiter zu bestehen bzw. zu überleben und starben deswegen völlig aus. Einige Tieren waren zu groß , zu klotzig und völlig irrationell gebaut , so daß sie z.B. auf enorm große Nahrungsmengen angewiesen waren , die schwer zu beschaffen waren und starben deswegen wieder aus.

Eigenschaften , die sich nicht bewährten wurden durch die Evolution abgeschafft. Es sind im Laufe der Evolution sogar ganze Spezies wieder verschwunden. So sind bis jetzt sage und schreibe ca. 500 Millionen Arten durch die Evolution ganz abgeschafft worden.

Nach einer weiteren Theorie von mir, war dies auch die ***Ursache des Aussterbens der Dinosaurier,*** da sie viel zu groß und somit völlig irrationell gebaut waren und dies mit enormen Nachteilen verbunden war. Es ist ferner denkbar, daß ihre inneren Organe, wie z.B. ihre Herzen nicht in der Lage waren die Pumpenfunktion bei größeren Belastungen effektiv aufrechtzuerhalten , so daß z.B. größere Belastungen zu Herzinsuffizienz führten, oder daß ihre Lungen ebenfalls wegen der enormen Körpergröße z.B. nicht in der Lage waren, bei hohen Belastungen das Blut mit ausreichend Sauerstoff zu versorgen , so daß bei Belastungen Erscheinungen der Lungeninsuffizienz auftraten und das Leben erheblich erschwerten , usw. **Sie starben wieder durch die Evolution, die sie geschaffen hatte, da sie sich nicht bewährt hatten (Näheres s. meine wissenschaftliche Arbeit „ Meine Theorie der Ursache des Aussterbens der Dinosaurier“).**

Die anderen Theorien , wie die Theorie der dünnen Eierschalen oder die Theorie des Meteoriten-Einschlages als Ursache des Aussterbens der Dinosaurier halten einer ernsthaften Überlegung und Überprüfung nicht statt. Weshalb starben z.B. nicht auch die anderen Lebewesen bei dem Meteoriteneinschlag?

Es muß ein intensiver Erfahrungsaustausch bzw. Kommunikation zwischen den Chromosomen und der Umwelt stattfinden , derart, daß die Chromosomen von den Geschehnissen der Umwelt erfahren, damit sie in die Lage versetzt würden, sich darauf einzustellen bzw. weiter zu planen, ähnlich wie unsere Sinnesorgane über die peripheren Nerven die Reize zum Gehirn weiterleiten , damit dort die Reize bzw. die Signale weiter verarbeitet werden und evt. Reaktionen erfolgen können.

Z.B. wenn eine bestimmte Tierart nicht über ausreichende Verteidigungsmittel verfügt und laufend von den anderen Tieren gefressen wird, oder nicht über ausreichende Schutzvorrichtungen gegenüber den Naturereignissen hat, und laufend beschädigt oder vernichtet wird , erfahren die Chromosomen davon und versuchen entweder die Tierart zu verbessern, z.B. durch Abwehrmechanismen ,oder diese Tierart stirbt ganz aus, weil eine anderweitige Korrektur durch die Chromosomen nicht mehr möglich war (wie z.B. bei den Dinosauriern) .

Später , als im Laufe der Evolution Arten entstanden, die über ein Gehirn verfügten, wurden diese aktiven Eigenschaften der Chromosome , wie planen , Überlebensstrategien entwickeln und das quasi Denkvermögen , durch die Gehirne teilweise übernommen , vervollständigt und verbessert.

Es gibt im Universum Grenzen für jede Sache, wie z.B. für die Größe , für Temperatur und auch für andere Eigenschaften . Die Natur läßt jeweils bestimmte Grenzen d.h. Toleranzen zu, die eingehalten werden. **Sollte irgendwann etwas in der Natur entstehen, das diese Grenzen nicht einhält , so wird es automatisch wieder eliminiert werden, da es z.B. instabil wäre oder würde**. Z. B. für Galaxien gibt es Grenzen für deren Größe. Alle Galaxien, die wir kennen, befinden sich innerhalb dieser Grenzen . Es gibt z.B. keine Galaxien, die diese Grenze erheblich über- oder unterschreiten würden, d.h. Riesendimensionen hätten gegenüber den anderen Galaxien.

Genauso ist mit den Sternen. Auch sie sind kleiner oder größer, es gibt aber keine Sterne , die Riesendimensionen hätten gegenüber den anderen . Jeweils ein bestimmter Faktor der Größenabweichung wird in der Natur zugelassen, die toleriert wird. Wenn irgendwann Gebilde entstehen, die diese Toleranzgröße erheblich über- oder unterschreiten, so würden sie automatisch wieder eliminiert werden, da z.B. sie instabil würden.

Das Ausprobieren bzw. experimentieren ist nach meiner Meinung das eigentliche Mittel der Evolution .

Wir müssen uns vergegenwärtigen, daß die Evolution sehr lange Zeit hat für solche Experimente, d.h. Millionen und Milliarden Jahre . Alles , was nicht richtig lebensfähig oder irrationell ist, wird wieder eliminiert, und alles, was eine echte Verbesserung darstellt und besser lebensfähig ist , wird weiter entwickelt.
Dazu ist ein aktives Denken , wenn auch anders als in herkömmlichen Sinne, und Erfahrungsaustausch bzw. Kommunikation mit der Umwelt erforderlich , wozu die Chromosomen , wie oben angedeutet, in der Lage sind.

Der Instinkt bzw. das (quasi) Denkvermögen (im obigen Sinne) der DNA ist die eigentliche Ursache der Evolution.

Diese Theorie wird bewiesen z.B. durch die **Viren** , die praktisch nur aus Nukleinsäure bzw. Chromosomen bestehen , so daß alle ihre Eigenschaften und Fähigkeiten inklusive aller aktiven Lebensvorgänge nur durch ihre Nukleinsäure-Moleküle erklärbar sind und nur von ihnen geschaffen bzw. bewerkstelligt werden müssen . Die Viren haben bekanntlich bereits die Fähigkeit virulent zu werden, die Wirtszellen zu befallen , an die Zellen anzudocken , in die Zellen zu penetrieren , sich zu vermehren und so zu überleben. Sie haben bereits die Fähigkeit sich weiter zu entwickeln und ihre Eigenschaften zu verbessern.

Einige Viren sind geradezu Überlebensmeister und entwickeln sich ständig weiter und erhöhen ihre Überlebenschancen wie z.B. das Grippe- bzw. Influenza-Virus, das bekanntlich in der Lage ist, laufend seine Antigenstruktur zu verändern und dadurch die Impfstoffe , die gegen die vorherigen Grippe-Viren wirksam gewesen sind, zu umgehen und so zu überleben .

Die Ursache aller dieser genannten Eigenschaften der Viren muß in der Nukleinsäure (Chromosomen) der Viren liegen , da sie praktisch nur aus Nukleinsäure bestehen.

Ein weiterer Beweis für den **Instinkt und das quasi Denkvermögen der DNA-Molekülen** ist die **Resistenzentwicklung** der **Bakterien** z.B. gegen die Antibiotika in der Medizin , z.B. die **Resistenzentwicklung** der Tuberkel-Bakterien gegen die Tuberkulostatika . Auf dieses Phänomen bin ich jedoch bereits im Kapitel 1 eingegangen . Deswegen wird dorthin verwiesen , um unnötige Wiederholungen zu vermeiden .

Auch die Resistenzentwicklung bei der Malaria-Bekämpfung gehört hierher und findet so ihre Erklärung.

So verhindert die Natur, daß eine Spezies ganz verschwindet.

Nicht zu verwechseln ist diese erworbene Resistenz mit der natürlichen Resistenz einige Individuen gegen bestimmte Erreger. D.h. daß bestimmte Individuen innerhalb einer Spezies eine natürliche Resistenz gegen bestimmte Erreger haben , d.h. beim Befall mit diesen Erregern nicht erkranken.

Erst vor nicht allzu lange Zeit hat z.B. die aufgetretene Seuche bei Robben uns gezeigt und bestätigt, daß z.B. eine Seuche nicht die ganze Art der Robben vernichten kann, sondern , daß fast immer einige Individuen überleben , so daß nicht die ganze Art vernichtet werden kann.

Zusammengefaßt ist das Bestreben zum Überleben der einzelnen Arten <u>das Ziel</u> der Evolution ,das Experimentieren und Ausprobieren <u>das Mittel</u> der Evolution, und der Instinkt bzw. das (quasi) Denkvermögen der DNA sowie ihr Informationsaustausch mit der Umwelt <u>die eigentliche Ursache und der Mechanismus</u> der Evolution.

Anders wäre es überhaupt nicht möglich gewesen, daß die Nukeinsäure-Moleküle bzw. Chromosomen überleben und sich weiter entwickeln. Eine Evolution wäre sonst ausgeschlossen.

Mit der Entstehung der Menschen ist die Evolution keineswegs abgeschlossen, sondern die Evolution wird die Menschen immer weiter perfektionieren . Wir dürfen keineswegs

überheblich sein und glauben, wir wären die besten, die schönsten, die prächtigsten und die perfektesten Lebewesen, die in der Natur jemals entstanden sind. Die Evolution ist zu weit mehr in der Lage. Es werden sicherlich weitere perfektere Lebewesen entstehen, die Fähigkeiten haben werden, von denen wir nur träumen können. Negative Entwicklungen werden genauso wieder ausgelöscht werden, wie es auch in der Vergangenheit geschehen ist, z.B. wie bei Dinosauriern.

Kapitel 5

Dimensionen des Lebens

Wir wissen nicht, was Bakterien erleben und was ein Wurm empfindet .
Fest steht aber, daß auch sie alle leben .
Worin unterscheidet sich unser Leben von dem Leben anderer Lebewesen?

Lebewesen sind gekennzeichnet durch folgende **Eigenschaften** , die nur bei den Lebewesen vorhanden sind:

Verfügung über einen **Stoffwechsel** , **Fortpflanzungsfähigkeit**, **Wachstum** , **Bewegung** (bei Tieren und bei einigen Pflanzen), **Reizbeantwortung** , **Individualität**, **chemische Zusammensetzung und Struktur** .

Es sind also bestimmte Eigenschaften bzw. Erscheinungen, die die Lebewesen von Toten unterscheiden.

Ein Lebewesen braucht ferner **dauernd Stoffe** (Nahrungsmittel, Sauerstoff usw.) **bzw. Energie** , um am Leben zu bleiben. Bekommt das Lebewesen nicht ständig bzw. in kurzen Intervallen diese Stoffe, so stirbt es und verliert damit auch seine oben genannten Charakteristika.

Ferner sind zumindest die höheren Lebewesen auf regelmäßigen **Schlaf** angewiesen .

Durch diese Merkmale kann man grob die Lebewesen von Toten unterscheiden.

Die Nahrungsmittel , Energielieferanten der Lebewesen, werden bekanntlich eingeteilt in Kohlenhydrate, Lipide und Proteine , wobei Fette und Eiweißkörper im Organismus in KH umgewandelt werden können.

Die Lebewesen entziehen nun zur Energieerzeugung den Kohlenhydraten, unter Zuhilfenahme komplizierter fermentativer Prozesse, Wasserstoff und verbinden ihn mit dem durch die Atmung aufgenommenen Sauerstoff zu Wasser : $H2 + O2 = H2O$ + Energie. Das ist somit die **Energie** liefernde chemische Reaktion und sie liefert den Lebewesen die notwendige Energie, die sie brauchen, um am Leben zu bleiben.
Die grünen Pflanzen können durch die Fotosynthese H20 unter Zuhilfenahme des Sonnenlichtes in H2 und O spalten und somit H2 zur Synthese der organischen Verbindung gewinnen. Auch das ist eine Energiegewinnung.

Wir stellen also fest: Die Lebewesen brauchen und erzeugen Energie, um ihr Leben zu erhalten. Bekommen sie diese Energie nicht, so verlieren sie die oben genannten Eigenschaften des Lebens und sterben schließlich ab. Ihre Bausteine, die hauptsächlich aus C- , H2- , O2- , N2- , S-, und P-Atomen bzw. deren Verbindungen bestehen, zerfallen dann durch einen langsamen Verwesungsprozeß, und aus den Elementen entstehen dann im Laufe der Zeit wieder andere Lebewesen.

Anschaulich ausgedrückt: Leben ist an eine ständige ***Energiepumpe*** geknüpft; **hört das Pumpen auf, so hört das Leben ebenfalls auf und geht in den Tod über.**

Es gibt in der Natur auch weitere Phänomene bzw. Zustände , zu deren Aufrechterhaltung eine ständige Energiezufuhr erforderlich ist, wie z.B. Feuer, Flamme oder Licht . Sie können uns helfen, diese Vorgänge besser zu verstehen. Sobald die Energiezufuhr unterbrochen wird (z.B. durch Abschaltung des elektrischen Stroms oder Sauerstoffentzug) erlöschen sie.
Eines können sie aber alle nicht : **sie sind nicht in der Lage ihre Energie selber, d.h. aktiv zu besorgen.**

Wir haben in den vorigen Kapiteln bereits darauf hingewiesen, daß die DNA-Moleküle bei den Lebewesen eine zentrale Rolle spielen .

DNA-Moleküle haben die Eigenschaft, die wir als Leben bezeichnen .

Mit der Entstehung der DNA ist in der Natur das Leben entstanden, das sich im Laufe der Milliarden Jahre der Evolution ständig weiterentwickelt hat, sich perfektioniert hat. Insbesondere die Entwicklung des **Gehirns** muß deswegen als direkte Komplettierung und erhebliche Weiterentwicklung der Kommando-Zentralen der DNA bezeichnet werden . Wegen einer ausführlicheren Darstellung dieser Phänomene (s. mein **Buch „ Leben, Krankheit Altern, Tod".)**

Das Leben kann aber ganz verschieden aussehen und hat deswegen verschiedene Dimensionen .

Schon ein **Virus** lebt. Wir wissen, daß das **Virus** praktisch nur aus Nukleinsäure -Molekülen besteht.
Ein **Bakterium** lebt ebenfalls. Das Bakterium ist zwar etwas weiter differenziert als ein Virus und besteht bereits aus **einer Zelle**, hat aber nicht einmal einen Kern .
Noch weiter differenziert sind die **Mehrzelligen** , wie z.B.die Porifera (Schwämme) , Quallen , Korallen , Plathelmintes sowie die übrigen Würmer , Arthropoda, die die großen Klassen der Cholicerata (Spinnen) und vor allem Tracheata (Insekten) beinhaltet , die Mollusca (z.B. Muscheln und Schnecken), Echinodermata (wie Seestern), und dann die Chordata ,mit dem Unterstamm Verterbrata (= **Wirbeltiere**), die erheblich weiter entwickelt sind .

Die Wirbeltiere ihrerseits beinhalten : Die Fische (Pisces), die, am einfachsten gebaut sind und bekanntlich nur im Wasser leben können, die Amphibien , wie Frösche, die im Wasser geboren werden , aber später ans Land gehen , dann die Reptilien wie Schlangen und Krokodile , die Vögel (Aves) und vor allem die wichtige , sehr weit entwickelte Klasse der **Säugetiere** (Mammalia) , mit der Unterklasse Placentalia (Placentatiere), zu der auch die Primaten (Affenartige) gehören. Hier sind auch die ersten **Menschen** entstanden, die aus gemeinsamen Urahnen hervorgegangen sind.

Es gibt auf der Erde eine sehr interessante Landschaft, wo sozusagen die Buchseiten der Vergangenheit der Erde aufgeschlagen und somit sichtbar sind. Das ist **Grand Canyon** in USA. Dort ist die vergangenen ca. 2,5 Milliarden der Erdgeschichte an den Schluchtwänden durch die Natur sozusagen freigelegt und sichtbar. Dort ist z.B. zu sehen , welches Tier (als Fossil) in welcher Epoche der Erdgeschichte gelebt hat.

Im Laufe der weiteren Evolution sind auf der Erde also immer weiter differenziertere Lebewesen entstanden , die über immer weiter entwickelte Organe verfügten, die Organe wurden immer weiter entwickelt mit immer weiteren Verbesserungen und Perfektionierungen der Funktionen , wie Herz und insbesondere das Gehirn , das eine beträchtliche Entwicklung durchmachte .

Die Menschen sind bekanntlich die am meisten entwickelten Individuen auf dem Planeten Erde , mit dem am weitesten entwickelten Gehirn ,und stehen auf der obersten Stufe der bisherigen Evolution.

Alle der oben erwähnten Lebewesen von den Viren bis zu den Menschen., leben, doch das Leben von denen unterscheiden sich erheblich voneinander.

Wir wissen nicht was ein Virus fühlt , wir wissen nur daß sein Leben mit Sicherheit ganz anders aussieht als unser Leben. Es hat nicht einmal eine Zelle und erst gar keine Zellorganisationen, scheint aber bereits genau zu wissen, wo es lang geht , z.B. was es machen muß, um zu überleben, d.h. andere Lebewesen zu überfallen um sich vermehren zu können und um somit weiter leben zu können.

Beim Virus handelt es sich also praktisch um Leben in Wartestellung .
Das Überfallen fremder Zellen muß für ein Virus ein phantastisches Erlebnis sein, da es dadurch praktisch zum Leben erweckt wird.

Die **Bakterien** besitzen bereits eine Zelle , viele von ihnen sind jedoch **pathogen**, d.h. sie überfallen andere Lebewesen , ja sie leben praktisch durch Überfall auf andere Lebewesen, die sie dadurch infizieren.

Einige weiter entwickelte Tiere sind Grasfresser .
Andere weiter entwickelte , aber primitive Tiere fressen sich gegenseitig, ja dies scheint überhaupt der Hauptinhalt ihres Lebens zu sein .

Bei den Raubtieren tritt das Fressen anderer Tiere krass in den Vordergrund .

Überhaupt scheinen insbesondere bei den höher entwickelten **Tieren 4 Hauptinteressen bzw. 4 Hauptbedürfnisse** vorhanden zu sein , die ihr ganzes Leben prägen:

1. **Das Fressen (und Saufen) ,** zum Decken der erforderlichen Energie zum Überleben
2. **Der Schlaf**
3. **Sexualbedürfnis**
4. **Das Anstreben der Macht bzw. der Übernahme der Führung in einer Gruppe.**

Weitere Interessen bzw. Bedürfnisse scheinen entweder nicht vorhanden zu sein, oder treten zumindest in den Hintergrund. Somit scheinen die obigen Eigenschaften der gesamte Lebensinhalt der höher entwickelten Tiere zu sein.

Die meisten **Pflanzen** sind hingegen **äußerst friedlich**, sie besorgen ihre Energie nicht durch das Fressen anderer Tiere, sondern durch die Photosynthese aus Sonnenlicht . Sie haben durch Sauerstoffproduktion überhaupt dadurch das Leben der Tiere auf der Erde möglich gemacht, sind also sehr **nützlich.**

Bei Menschen sieht das Leben jedoch ganz anders aus, da der Mensch über ein sehr weit differenziertes und äußerst kompliziertes Gehirn verfügt und kann deswegen auch das Leben viel intensiver erleben .

Es gibt bekanntlich ganz verschiedene Menschen.

Es gibt wenige Menschen, bei denen die oben beschriebenen Hauptinteressen im Vordergrund zu stehen scheinen . Es gibt wiederum wenige Menschen, für die hauptsächlich die **Genüsse** und das **Sexualleben** eine große Rolle

Innerhalb der einzelnen Eigenschaften gibt es bekanntlich ebenfalls **Gegensätze** und auch **große Abstufungen der Intensitäten** und **große Variationen .**
Es gibt z.B. Menschen, die **gefühlvoll** und Menschen, die **gefühlsarm** sind . Dann gibt es einerseits besonders **betont gefühlvolle** Menschen, und auf der anderen Seite **eiskalte** Menschen , die sozusagen über Leichen gehen.

Es gibt auf der einen Seite **tatkräftige** , und auf der anderen Seite **lahme und inaktive** Menschen. Es gibt äußerst **korrekte** Menschen und auf der anderen Seite **unkorrekte** .
Es gibt **zuverlässige** und **unzuverlässige** Menschen

Es gibt reine **Triebmenschen**, oder es gibt reine **Gefühlsmenschen**.

Die oben beschriebenen 4 Hauptinteressen sind bei vielen Menschen nicht alle gleich stark vertreten. Es gibt z.B. viele Leute , bei denen das **Machtbedürfnis** über allem steht.

Das **Wertvollste**, das der Mensch durch die Evolution bekommen hat ist jedoch sein **Gehirn**, das verglichen mit den allen übrigen Lebewesen **am meisten und am besten entwickelt ist , seine Intelligenz und vor allem sein Denkvermögen .**

Deswegen besitzen die Menschen die höchste Dimension des Lebens.

Bei den Menschen sind besonders zu erwähnen vor allem die großen Denker, Erfinder , Entdecker und schöpferisch begabten Menschen (wohl bemerkt die „echten“ also nicht die Scharlatane) , die enorm Großes geleistet haben.

Ohne diese Menschen , wären keine größeren Fortschritte möglich gewesen ,wovon wir letzten Endes alle profitieren , und die Menschheit wäre sonst heute fast genau so weit, wie ungefähr vor 10 000 Jahren .

Kapitel 6

DNA und Leben

Mit dem Entstehen der DNA auf der Erde ist das Leben auf unserem Planeten entstanden.
DNA-Moleküle haben ungeahnte Eigenschaften und unterscheiden sich deutlich von den anderen organischen Molekülen .

Wir haben bereits darauf hingewiesen, dass die Lebewesen eine ständige und praktisch kontinuierliche Zufuhr von Energie erfordern.

Wird diese Energie , aus welchem Grunde auch, unterbrochen, so entsteht normalerweise ein irreversibler Schaden derart, daß das Lebewesen verloren geht, und der Tod eintritt.

Das Bedürfnis der ständigen Energiezufuhr ist ferner ein sehr wichtiges zusätzliches **Unterscheidungsmerkma**l zwischen Lebewesen und Nichtlebewesen .

DNA-Moleküle haben die Eigenschaft, die wir als Leben bezeichnen, sie sind die kleinste Einheit des Lebens .

Sie haben bereits die **aktive** Fähigkeit der **identischen Reproduktion** (Vermehrung unter Erzeugung von gleichen Nachkommen durch Weitergabe der Erbsubstanz) , sie bzw. die Gene, die aus denen gebaut sind , geben ***aktiv*** *alle* Befehle zur Synthese von Eiweißstoffen, können fermentative Prozesse in Gang setzen und damit ***sämtliche* unsere Lebensvorgänge regulieren ,** damit sind sie in der Lage **einen Stoffwechsel in Gang zu setzen und aufrechtzuerhalten,** sie haben ferner die Fähigkeit sich zu **organisieren, wie z.B. durch Zellbildung und Zellteilung ,** und somit auch die Fähigkeit zur **Bildung von größeren Lebewesen**, der **Evolution** , usw.

Zum besseren Verstehen dieses Vorganges muß ich einige Erläuterungen geben :
Jedes Molekül hat bestimmte , aber völlig andere und neue Eigenschaften , als seine atomaren Bestandteile . Z.B. das Wasser-Molekül ist bekanntlich naß, und flüssig (während beide seiner atomaren Bestandteile , nämlich Wasserstoff und Sauerstoff gasförmig und keineswegs naß sind) , das Salz-Molekül ist weiß , fest und schmeckt salzig (während seine atomaren Bestandteile , nämlich Na und Cl keineswegs salzig schmecken , Cl ist gasförmig und hat einen stechenden , zu Hustenreiz führenden Geruch , und Na ist ein Alkalimetall und hat somit metallische Eigenschaften) usw.

Es muß betont werden, daß die **Kommando-Zentrale zur Erteilung der Befehle** in den DNA-Molekülen selber verankert ist, d.h. die DNA- Moleküle sind selber aktiv und sie haben selber das Vermögen, Befehle aktiv zu erteilen, d.h. sie haben Lebenseigenschaften , genauso wie andere Moleküle andere Eigenschaften haben.

Mit der Entstehung der DNA ist in der Natur das Leben entstanden, das sich im Laufe der Milliarden Jahre der Evolution ständig weiterentwickelt hat, sich perfektioniert hat. Insbesondere die Entwicklung des Gehirns muß deswegen als direkte Komplettierung und erhebliche Weiterentwicklung der Kommando-Zentralen der DNA bezeichnet werden , obwohl auch jede Zelle auch dazu in der Lage ist, dank der dort enthaltenen Chromosomen .

Um jedoch ein Leben aufzubauen und aufrechtzuerhalten brauchen die DNA-Moleküle einige Hilfsmittel. Es handelt sich dabei um Enzyme und einige Strukturen, die in einer Zelle vorhanden sind, wie Energieerzeugungsfabriken etwa in Form von Mitochondrien , und Eiweißaufbaustätten wie die Ribosomen der Zellen .

Die DNA-Moleküle sind also praktisch Leben in Wartestellung . Um ein Laben aufzubauen, brauchen sie eine Zelle, die sie entweder selber aufbauen, was allerdings lange dauert, oder sie befallen eine Zelle , wie z.B. bei Infektionen geschieht , d.h. sie besorgen sich eine fertige fremde Zelle .

Diese Darstellungen können bewiesen werden z.B. durch die **Viren** .

Die Viren bestehen praktisch nur aus Nukleinsäuren (z.B. DNA) . Sie haben bereits die Eigenschaften de Lebens . Um jedoch ein Leben aufzubauen bzw. aufrechtzuerhalten, brauchen sie die Zellen der Tiere oder Pflanzen.

Die Viren besorgen sich die Pflanzen und die Tiere aber **selbst**, und zwar **aktiv**, dadurch, daß sie virulent werden, die Pflanzen und die Tieren befallen, in ihre Zellen penetrieren (eindringen) und zwar meist **selektiv** (z.B. Schnupfen-Viren befallen die Schleimhäute des Respirationstraktes , die Hepatitis-Viren befallen selektiv die Leber ,die Enteritis-Viren befallen den Darm, die Polio-Viren selektiv die Nervenzellen usw.) .

Alles geschieht durch die Nukleinsäure-Moleküle selbst, d.h. das Befallen, das Eindringen , Vermehren usw. Die Viren und somit die Nukleinsäuren sind keine Befehlsempfänger, sondern sie geben selbst die Kommandos , und zwar aktiv und auch selektiv.

Um ein Leben aufzubauen bzw. aufrechtzuerhalten brauchen die Viren jedoch die Strukturen einer Zelle, die sie befallen. Sie penetrieren in die Zellen ein und mißbrauchen die Zellen derart, daß die jeweilige Zellen umprogrammiert werden und gezwungen werden, die Moleküle zu bauen . die für die Vermehrung der Viren erforderlich sind, sowie die erforderliche Energie zu liefern .
Nachdem die Viren sich so in den Zellen vermehrt haben, verlassen sie die Zellen wieder , und die Zellen , die so mißbraucht und umprogrammiert worden sind, sterben ab.

Zum Verwirklichen des Lebens brauchen die DNA-Moleküle also die Strukturen einer Zelle. Dies kann verglichen werden z.B. mit einem Handwerker (z.B. einem Schreiners), der um seinen Beruf ausüben zu können Werkzeuge bzw. eine Werkstatt braucht .

Wenn wir die DNA einer Zelle herausnehmen würden, so würde die Zelle absterben, da sie ohne DNA nicht lebensfähig ist.

Die DNA, die wir aber von der Zelle herausgenommen haben, ist nicht tot, sondern lebt weiter. In dem Augenblick, wo sie in eine neue Zelle eingeschleust wird, kann sie wieder ein Leben aufzubauen

Das **Klonen** beruht darauf und beweist gleichzeitig die Darstellung .

DNA ist das Leben. Sie ist eine Weiterentwicklung der Moleküle , d. h eine höhere Stufe , mit der Eigenschaft , die wir als Leben bezeichnen.

Jeweils mehrere DNA Moleküle verbinden sich zu Genen. Chromosomen enthalten ihrerseits zahlreiche Gene .

Die Individualität und die Einzeleigenschaften eines Menschen oder allgemein eines Lebewesens entstehen aber erst durch die Gene bzw. Chromosomen, d.h. durch die Vereinigung vieler DNA-Moleküle.

Gibt es noch höhere Entwicklungsstufen der Moleküle ?

Es ist äußert interessant über diese Frage nachzudenken, doch sie läßt sich z. Zeit nicht beantworten , möglicherweise gibt es sie aber doch .

Kapitel 7

Das Führungs-Gen

Meine Theorie des Führungs-Gens

Jede Art in der Natur hat bekanntlich eine bestimmte für die jeweilige Art spezifische Chromosomenzahl . Z. B. der Mensch hat 46 Chromosomen , und zwar in jeder seiner Zellen .
Die Chromosomen sind Träger der Gene und sind verantwortlich für die Vererbung. Alle Eigenschaften eines Individuums sind in den Genen verankert .

Die meisten Lebensvorgänge und der gesamte Stoffwechsel von dem Einzelligen Stadium bis zum Tod werden letzten Endes durch sie bestimmt, gesteuert und reguliert . Deswegen verfügen höher entwickelte Lebewesen über mehrere Tausend Gene .

Es erhebt sich nun die Frage , ob alle Gene sozusagen gleichberechtigt sind oder 1 bestimmtes Gen die Chefrolle übernimmt .

Wenn man die **Natur** beobachtet, so fällt einem sofort auf, daß in der Natur keineswegs alles gleichberechtigt ist, sondern ganz im Gegenteil **meistens eine absolute**

Hierarchie die Regel ist , derart daß 1 Teil eines Systems die Führungsrolle übernimmt und die andern gehorchen . So ist es z.B. bei unserem Sonnensystem . Unsere Sonne hat durch ihrer Gravitation alle ihre Planeten fest in Gewalt , sodaß sie schon seit Milliarden Jahren auf festen Bahnen die Sonne umkreisen und noch mehrere Milliarden Jahre dies fortsetzen werden . Ein Herausscheren einzelner Planeten aus ihren Bahnen und eine Flucht sind ausgeschlossen .

Bei unserer Galaxie und auch bei den anderen Galaxien ist es ähnlich , eine Flucht einzelner Sterne aus der Galaxie ist in der Regel ausgeschlossen .

Bei den vielen Tieren ist es ähnlich . Z. B. die Bienen haben eine Königin an ihrer Spitze und auch die Ameisen und Termiten sind ähnlich organisiert .Auch bei den größeren Tieren geht es ähnlich zu, z.B. bei Wölfen gibt es den Alpha-Wolf , bei den Elefanten gibt es der Leitbulle usw..

Auch bei den Menschen gibt es bekanntlich Führungsstrukturen .

Haben Sie sich schon mal Gedanken gemacht, wie die Funktionen von Millionen Gene z.B. beim Menschen miteinander koordiniert und aufeinander abgestimmt werden?

Wenn man darüber nachdenkt , so ist es nur logisch , daß es auch bei den Genen ein **Leit-Gen** geben **muß**, das sozusagen **als Chef bzw. Kommando-Zentrale funktioniert** , wie das Gehirn .

Z.B. die Steuerung des gesamten Stoffwechsels oder der Wachstumsvorgänge bei einem Individuum kann keineswegs so funktionieren, daß jedes Gen gewisse

Fähigkeiten hat und dies einfach in die Tat umsetzt. Das Ergebnis wäre ein Chaos. Die einzelnen Vorgänge erfordern eine Riesenorganisation und –kommunikation und müßten zentral gesteuert und aufeinander angepaßt werden .

Auch bei der anfänglichen Zusammensetzung der Chromosome zwecks Bildung der Erbsubstanz und bei dem Einbau der einzelnen Gene in die einzelnen Ketten bei der Entstehung einzelner Arten im Laufe der Evolution muß zentral bestimmt werden, welche Gene bzw. **welche Chromosome** eingebaut werden und **an welche Stelle** bzw. an welche Moleküle angelagert werden und wo, damit bestimmte Baupläne realisiert werden können, z.B. ob ein Affe oder ein Hase kreiert werden soll .

Deswegen ist es nur logisch , daß bei den Genen jedes Individuums ein <u>Leit- bzw. Führungs-Gen</u> (oder eine Gen-Gruppe) existieren <u>muß</u> , das Führungs- und Koordinierungsaufgaben hat und bestimmt wo und was geschehen soll und die einzelnen Aufgaben der einzelnen Gene steuert und reguliert . Sonst wäre ein totales Chaos die Folge .
Sehr wahrscheinlich arbeitet dieses Gen nicht alleine , sondern bedient sich einer Gruppe der Leitungs-Gene , die Führungsaufgaben übernehmen .

Es lohnt sich über diese Sachen nachzudenken und versuchen, dieses Leit-Gen oder die Leit-Gene ausfindig zu machen . Dies wäre ein Riesenfortschritt auf dem Gebiet der Genetik .

Kapitel 8

Verwaschene Grenzen zwischen Leben und Tod

Sind wir tatsächlich tot, wenn wir gestorben sind ?
Als tote in den Sarg gelegt und als lebendig wieder herausgeholt?
Ist die Materie wirklich tot?
Sind die Chromosomen tot ?
Sind Viren tot oder lebendig?

Leben und das, was wir als „tote „Materie bezeichnen, bestehen nur aus Energie. Sie sind nur **verschiedene Erscheinungsformen** derselben Sache. Leben und Tod sind sozusagen Energie in verschiedenen Kleidern.

Wir müssen uns nochmals vergegenwärtigen , was das Leben und was der Tod ist .

Wir haben im Kapitel 5 gesehen, daß das **Leben** und damit auch die Lebewesen gekennzeichnet sind durch folgende **Eigenschaften**: Stoffwechsel, Wachstum, Fortpflanzung, Reizbeantwortung, Bewegung und selbstverständlich auch durch Aufbau und Zusammensetzung .

Ferner haben wir gesehen, daß ein Lebewesen **dauernd Stoffe** (Nahrungsmittel, Sauerstoff usw.) **bzw. Energie braucht**, um am Leben zu bleiben. Bekommt das Lebewesen nicht ständig bzw. in kurzen Intervallen diese Stoffe, so stirbt es und verliert damit auch seine oben genannten Charakteristika.
Ferner sind die Lebewesen auf **Schlaf** angewiesen .
Am meisten ist dies ausgeprägt bei Menschen und Tieren. Aber auch die Pflanzen leben, da sie ebenfalls die meisten oben genannten Voraussetzungen erfüllen. Einige Pflanzen können sich sogar bewegen (z.B. die Karnivoren , die Tiere fressen).

Unter **etwas Totes** stellen wir uns allgemein etwas vor, was sich nicht bewegt und auch nicht wächst , keinen Stoffwechsel hat und sich auch nicht vermehren kann. Wir bezeichnen z.B. einen Stein oder ein Stück Holz als tot.

Wenn ein Mensch keine Regung mehr zeigt, bei ihm kein Herzschlag und auch keine Atmung nachweisbar ist, sagt der Laie der betreffende Mensch ist tot. Ähnlich ist es auch mit den Tieren.
Es ist aber schon vorgekommen, daß ein Mensch für tot erklärt worden und sogar in einen Sarg gelegt worden ist. Dann hat man Klopfzeichen gehört , den Sarg geöffnet , und mit Erstaunen **festgestellt, daß der betreffende , für tot erklärte Mensch, noch lebt.** Dieses Phänomen ist insbesondere bei Menschen beobachtet worden, die im Schnee und bei tiefen Temperaturen „ gestorben" sind.

Wir haben ferner gesehen, daß der Tod nicht plötzlich auftritt, sondern langsam: Wenn die Herzpulsationen aufhören und die Atmung aussetzt, so sind keineswegs die Körperzellen schon tot. Wir wissen, daß die Hirn- und auch die anderen Zellen noch einige Zeit weiterleben , auch wenn das Individuum bereits von dem Laien als tot zu bezeichnen ist.

Wir halten also fest: Der Tod ist nichts plötzliches, sondern etwas langsames.

Auch die Grenzen zwischen Leben und Tod sind keineswegs scharf , sondern verwaschen . Wir müssen also unsere Vorstellungen bzw. Bezeichnungen über Leben und Tod revidieren .

Wir wissen , daß die Chromosomen der „ toten „ Menschen Jahre nach dem Tod des betreffenden Menschen lebendig sind und wahrscheinlich Hunderte und Tausende von Jahren weiterleben können, wenn sie entsprechend konserviert sind (z.B. bei Leichen , die in Gletschern liegen und gut erhalten bleiben oder bei Mumien usw.), so daß diese Menschen theoretisch nach Tausenden von Jahren durch Klonen ihrer Chromosomen wieder reproduzierbar wären und sozusagen wieder zum Leben erweckt werden könnten , auch wenn in Form von neuen , aber exakt identischen Individuen (wegen der näheren Einzelheiten s. **mein Buch „ Leben, Krankheit, Altern, Tod“).**

Wir wollen unseren Gedankengang noch etwas fortsetzen und wollen uns fragen, wann und ob wir überhaupt ein Individuum als tot bezeichnen können. Wenn auch die letzten Zellen seines Körpers schließlich aufgehört haben zu leben? - Ich glaube nein. Die Zellen hören zwar auf zu „ leben" sie zeigen Z.B. keinen Stoffwechsel mehr ,sie bestehen aber weiterhin aus vielen

Atomen und Molekülen .und enthalten vor allem weiterhin DNA-Material . Sind sie denn wirklich tot? - Diese Frage müssen wir ebenfalls verneinen.
Wir haben oben gesehen, daß die DNA-Moleküle sogar Jahrtausende Jahre weiter leben können und die Atome und Moleküle ständig in Bewegung sind: Sie führen verschiedene Bewegungen aus wie Schwingungen, Rotationen usw. Auch innerhalb der Atome existieren verschiedene Bewegungen (Schwingungen usw.). Sie können sogar unter bestimmten Voraussetzungen auch „wachsen", wenn auch im primitiven Sinne , denken wir z.B. an das Wachsen der **Kristalle** usw.
Die Atome und die Moleküle erfüllen also auch einige Bedingungen, die wir von einem Lebewesen erwarten. Sie haben aber im „allgemeinen' keinen Stoffwechsel.

An dieser Stelle möchte ich noch ein weiteres interessantes Beispiel nennen, das uns weiter hilft, uns klar zu machen, daß es keine scharfe Grenze zwischen Leben und Tod gibt.
Es handelt sich um **Viren**.
Sie bestehen nämlich aus Nukleinsäure-Molekülen und müßten nach der herkömmlichen Definition als tot bezeichnet werden, da sie keinen Stoffwechsel besitzen und sich nicht vermehren können.
Die Sache ändert sich jedoch grundsätzlich, wenn die Viren einen Menschen oder ein anderes Lebewesen befallen. Sie dringen nämlich in die Zellen ein und dann sind sie auf einmal in der Lage, sich zu vermehren und einen Stoffwechsel in Gang zu setzen. Sie lösen dadurch normalerweise eine Krankheit aus, denken wir z.B. an Schnupfen, Grippe, Masern , Mumps, Windpocken usw.
Die Viren , die vorher „tot" waren , waren auf einmal zum Leben erweckt". Sie können aber jederzeit wieder zu

dem „toten „Zustand zurückkehren, bis sie wieder ein anderes Lebewesen befallen und wieder anfangen zu „ leben". Ein anderes , wenn auch nicht gleichartiges Beispiel wäre der Winterschlaf der Pflanzen.

Die neuesten Experimente aus dem Bereich der Quantenphysik zeigen ferner, daß sogar die Elementarteilchen erstaunliche Eigenschaften haben , die eher als lebendig als tot bezeichnet werden können , z.B. :

1. Es bestehen gegenseitige Abhängigkeiten zwischen der beiden Teilchen **eines Paares, d.h. das Verhalten eines dieser beiden Teilchen wird geändert, wenn die Bedingungen des anderen Teilchens geändert werden, auch bei größerer Entfernung.**

2. Die Elementarteilchen haben ferner die Fähigkeit , kurz aus der Oberfläche der Materie heraus zu kommen und haben sogar die Fähigkeit zum Nachbargebiet durchzutunneln (der Tunneleffekt).

3. Das Vakuum ist nicht leer, wie früher geglaubt worden war, sondern dort befinden sich **Elementarteilchen, die sich laufend in Energie umwandeln und umgekehrt. Es entsteht anscheinend aus Nichts durch die sogenannte Quantenfluktuation Materie .**

Es gibt meines Erachtens keinen prinzipiellen Unterschied zwischen der Materie und den Lebewesen. Alles bewegt sich, alles verändert sich. Auch die Materie lebt also.
Die Grenzen zwischen Leben und Tod sind also keineswegs scharf, sondern fließend und verwaschen .
Wenn die Atome Verbindungen eingehen, so entstehen Moleküle. Moleküle haben bekanntlich ganz andere Eigenschaften als die Atome, aus denen sie aufgebaut sind. Z.B. aus dem gasförmigen Wasserstoff und Sauerstoff entsteht Wasser, was bekanntlich flüssig ist. Genauso ist es mit den Lebewesen. Wenn sich bestimmte Atome in einer bestimmten Weise verbinden, dann entsteht Nukleinsäure, und somit auch DNA , und sie hat eben als Eigenschaft das, was wir in herkömmlicher Weise als Leben bezeichnen.

Das Leben ist also zwar etwas Wunderbares aber nichts Phänomenales. Wenn sich bestimmte Atome in einer bestimmten Art zusammenschließen, so entsteht das , was wir als Leben bezeichnen. Wenn das Molekül wieder zerfällt, dann entsteht wieder die Materie, aus der wieder neue Moleküle und gegebenenfalls neue Lebewesen entstehen können.

Ob Lebewesen oder Materie, alles lebt und besteht letzten Endes aus Energie. Sie sind nur verschiedene Erscheinungsformen derselben Sache.

Kapitel 9

Sind wir intelligenter als unsere Urahnen ?

Warum sind die großen technische Fortschritte und die großen Erfindungen und Entdeckungen erst im Laufe der letzten 2-3 Jahrhunderte gemacht worden und nicht viel früher ?

Der Urmensch entstand vor ca. 3-4 Millionen Jahren , der Frühmensch erschien vor ca. 600 000 Jahren und der Neandertaler vor ca. 300 000 Jahren. Der jetzige Mensch (Homo sapiens sapiens) ist sogar wahrscheinlich erst vor ca. 40 000 -100 000 Jahren entstanden.

Obwohl also der jetzige Mensch seit ca. 40 000 -100 000 Jahren existiert , sind die großen technischen Fortschritte und die großen Erfindungen und Entdeckungen , als Voraussetzung unserer heutigen Zivilisation , erst im Laufe der letzten 2-3 Jahrhunderte gemacht worden, mit zunehmender Tendenz .

Warum ?

Was ist der Grund dieser sehr späten Entwicklung? Warum hat es so lange gedauert, bis diese großen technischen Fortschritte gemacht werden konnten ?

Wir wollen nun versuchen diese Fragen zu beantworten und dies zu ergründen.

Die früheren Menschen beschäftigen sich offenbar hauptsächlich nur mit der Jagd und mit Kämpfen. Dies geht z.B. aus Höhlenmalereien hervor.

Die ganze Geschichte ist ferner voll von großen Schlachten, Kriegen , Kämpfen und Landeroberungen .

Kämpfe und gegenseitiges sich Aufspießen scheinen an der Tagesordnung gewesen zu sein. Weitere Interessen traten offenbar zurück .

Es sind immer wieder Kriege ausgebrochen , deren Ursache meistens darin zu suchen ist, daß die Menschen bzw. ihre Herrscher immer mehr haben wollten , und sich nicht mit dem begnügten, was sie hatten.

Bei den Römern scheint es z.B. ein äußerst großes Vergnügen gewesen zu sein, durch Kämpfe, die teilweise sehr grausam und blutig waren , ihre Kräfte zu messen . Das Kapitel Gladiatoren mag ein gutes Beispiel dafür zu sein.

Schlachten, Kriege , Kämpfe und Kräftemessungen scheinen somit bei den früheren Menschen im Vordergrund gestanden zu haben, wogegen scheinen

geistige Tätigkeiten nur eine geringe Nebenrolle gespielt zu haben.

Wenn wir z.B. die Affen beobachten oder uns mit den anderen Tieren beschäftigen würden, so könnten wir verblüffende Ähnlichkeiten zum obigen Verhalten feststellen, insofern als auch sie ständig damit beschäftigt sind, zu kämpfen und ihre Kräfte zu messen. Die übrige Zeit verbringen sie entweder mit der Jagd oder mit dem Schlaf.

Nur die Kämpfe sind bei den Tieren im allgemeinen nicht so organisiert und differenziert, wie bei den früheren Menschen, und ohne Truppen .

Selbstverständlich hat es auch früher Wissenschaftler gegeben , doch ihre Zahl ist gemessen an der sehr langen Zeitdauer seit der Entstehung der Menschen vor ca. 40 000 - 100 000 Jahren sehr gering gewesen.

Weshalb sind nun die Fortschritte der Menschheit so spät gekommen?

Was unser Leben revolutioniert und die heutige Zivilisation ermöglicht hat, ist die Technik und die Industrialisierung .

Voraussetzung für diese großen Fortschritte der Technik , z.B. Automobil- oder Flugzeugbau , Maschinenbau ,

Erzeugung des elektrischen Stroms , Elektronik , Raumfahrttechnik usw. ist gewesen **die Entdeckung bzw. Gewinnung von Rohstoffen** wie **Eisen** (Fe, Schmelzpunkt 1528 °) und einige andere Metalle, wie z.B. **Kupfer** (Cu, Schmelzpunkt 1083 °) , Entdeckung und Gewinnung von Nichtmetallen wie **Silicium** (Si, Schmelzpunkt 1413 °) und ferner die Entdeckung und Beförderung von **Energiestoffen Kohle** und **Öl** , und natürlich **Intelligenz**.

Eisen ist bekannt gewesen schon in der Eisenzeit . Es wurde jedoch damals nur verwendet zur Anfertigung von Jagd- und Kampfgegenständen , sowie später für Hufeisen.

Kohle und Öl sind jedoch erst erheblich später entdeckt worden .

Erst durch die Kohle und Öl wurde möglich höhere Temperaturen zu erzeugen , Stahlindustrie aufzubauen und z.B. Eisen für den Automobilbau genau zu formen usw.

Entdeckung von **Kautschuk** und Erfindungen von **Kunststoffen** kamen noch später und ermöglichten die Weiterentwicklung der Technik.

Die geistigen Tätigkeiten und Fähigkeiten traten zunehmend in den Vordergrund, es tauchte zunehmend eine große Zahl von Wissenschaftlern auf, die große Erfindungen und Entdeckungen machten und so die großen Fortschritte und unsere heutige Zivilisation möglich machten.

So wurde nach und nach Industrie aufgebaut und die Industrialisierung und die Technologie schritten langsam aber konsequent fort und wurden immer weiter perfektioniert.

Warum war dies nicht viel früher möglich , und warum hat es 40 000-100 000 Jahre gedauert? und was am wichtigsten ist, warum wurden die großen Fortschritte erst in den letzten 2-3 Jahrhunderten gemacht und vor allem erst in den letzten 100 - 200 Jahren ?

Wenn wir uns z.B. die Zahl und das Datum der großen Erfindungen und Entdeckungen ansehen, so werden wir leicht feststellen, daß die meisten von Ihnen erst im 19. und Insbesondere im 20 . Jahrhundert erfolgten.

Alle äußeren Voraussetzungen dafür waren auch vor 40 -100 Tausend Jahren vorhanden . Eisen , Kupfer, Silicium , Kohle und Öl waren auf der Erde vorhanden und brauchten nur entdeckt zu werden. Auch die großen Erfindungen und Entdeckungen der letzten 2-3 Jahrhunderten hätten auch viel früher gemacht werden können.

Die einzige Schlußfolgerung ist: Die früheren Menschen waren nicht so intelligent wie heute. Die Intelligenz mußte sich langsam entwickeln und erst im Laufe der Zeit größer werden , also die Evolution mußte noch einen Schritt weitergehen. Diese Entwicklung ist keineswegs schon abgeschlossen und wird weiter gehen und Individuen hervorbringen, die noch intelligenter sind, als wir .

Eine noch ausführlichere Darstellung dieser äußerst interessanten Phänomene ist leider im Rahmen dieses Kapitels nicht möglich. Ich kann Ihnen aber schon jetzt verraten, daß ich im Laufe der nächsten Kapitel dieses Buches nochmals auf diese Thematik zurückkommen und sie ergänzen werde .

Die Schädel der ersten Menschen, die auf der Erde gefunden worden sind, **sind teilweise erheblich kleiner als die Schädel der heutige Menschen**, und müssen somit auch kleinere Gehirne enthalten haben, Andererseits wissen wir, aufgrund von Schädeluntersuchungen der heutigen Menschen , daß intelligentere Menschen meistens kein größeres Gehirn haben, als die anderen Menschen .

Doch die Schädel der ersten Menschen waren **erheblich** kleiner, so daß aufgrund dessen doch Rückschlüsse möglich sein müßten.

Die menschliche Intelligenz scheint allerdings erst in den letzten 2-3 Hundert Jahren erheblich größer geworden zu sein und einen gewaltigen Sprung gemacht zu haben.

Exakt das ist die Ursache dafür, daß die erheblichen Fortschritte der Technik erst in der letzten Zeit gemacht worden sind und gleichzeitig auch der Grund dafür, daß die Industrialisierung sich erst im Laufe der letzten 100-150 Jahren entwickelt hat und nicht etwa vor mehreren

Jahrhunderten bzw. Jahrtausenden , obwohl die äußeren Voraussetzungen dafür schon auch vor mehreren Jahrhunderten und sogar Jahrtausenden vorhanden waren (z.B. Rohstoffe und Energievorräte).

Kapitel 10

Meine Theorie über Grund und Sinn der physikalischen Veränderungen und der astronomischen Erscheinungen

Schon unser Physiklehrer auf dem Gymnasium sagte uns immer wieder , in der Physik dürfen Sie nach allem fragen aber nicht nach dem Grund der physikalischen Gesetze und Veränderung . Sie alle beruhen bekanntlich nur auf **Experimenten , Beobachtungen und Erfahrungen .**

Wenn Sie in einem **Physikbuch** nach einer Formel oder nach einem physikalischen Gesetz suchen , so werden Sie sehr schnell fündig. **Wenn Sie aber nach dem Warum suchen, so werden Sie sehen, daß sie Suche völlig vergebens ist. Sie werden darüber nichts finden.**

Dasselbe gilt auch für die **Chemie**, wenn auch nur relativ.

Mittlerweile sind viele Jahre vergangen . Ich habe es aber trotzdem nie aufgegeben nach dem Warum und nach dem Sinn in der Physik und Chemie zu fragen und darüber nachzudenken . Vor einigen Jahren ist mir aber der Sinn klar geworden :

Wie ich in meinen wissenschaftlichen Arbeiten über die Evolution, bereits ausführlich dargestellt habe , ist der tiefere Sinn der Evolution der Lebewesen **das Bestreben nach Überleben.**

Genauso muß es auch bei der Materie sein . Ich habe bereits in zahlreichen wissenschaftlich Arbeiten ausführlich dargestellt und begründet, daß nicht nur das , was wir als Lebewesen bezeichnen, lebt , sondern **auch die Materie** , die wir als tot bezeichnen , wenn auch etwas anders und in einem etwas anderen Sinne . Ich habe ferner bereits darauf hingewiesen und beschrieben, daß **auch bei der Materie durchaus Kommunikationen und Erfahrungsaustausch stattfinden** (s. Kapitel 14 und ferner **mein Buch „Revolution der Astronomie und Physik**").

Auch die Materie muß das Bestreben haben zu überleben . Deswegen muß sie sich laufend an die Umgebung anpassen .

Dies möchte ich anhand der nachfolgenden Beispielen klar machen :

A. Physik:

1. Thermodynamik:

Wir wissen, daß sich **die Materie durch Erhitzen ausdehnt und durch Kälte zusammenzieht** . Dies können wir durch Beispiele und Formeln darstellen und nachrechnen, der Sinn bleibt uns aber zunächst verborgen .
Wir stellen uns ein **Glas** (Trinkglas) vor . **Bei der Wärme wird der Materie Energie zugeführt** . Die Materie nimmt diese Energie auf und wandelt sie in Bewegung um. **Die Atome bzw. Moleküle bewegen sich dadurch schneller** , deswegen **erhitzt** sich die Materie , bleibt aber zunächst zusammen , d.h. die Bestandteile des Glases nehmen die Wärme auf, das Glas **dehnt sich aus**, **erwärmt sich**, **bleibt aber solange wie es geht zusammen und die Integrität bleibt so bewahrt** . **Dies stellt eine Art Anpassung und Kompensation dar,** denn wenn die Atome bzw. Moleküle des Glases dies nicht tun würde, würde die zunehmende Wärmezufuhr sehr schnell dazu führen, daß die Atome bzw. Moleküle der Materie mit einem Knall auseinander gehen und die Materie bzw. der Gegenstand somit zerfällt und zerstört wird .

Die **Materie bzw. das Glas möchte aber überleben** bis es natürlich nicht mehr geht. . **Dies ist aber möglich, wenn die Bestandteile des Glases zusammen bleiben.**

Bei der Kältezufuhr ist es ähnlich, wohl aber umgekehrt . Bei einem Energieentzug muß die Materie sparsam mit ihrer Energie umgehen .Deswegen werden die Bewegungen der Atome und Moleküle gedrosselt und so Energie gespart .

Der Sinn ist in beiden Fällen das Bestreben der Materie zu überleben.

2. **Neigung zur Klumpen- und Gruppenbildung** :
Alle Atome und Moleküle haben das Bestreben sich zu verklumpen bzw. sich zu Gruppen zusammenzuschießen:

Wir kennen z.B. die **Kohäsionskräfte** bei Flüssigkeiten , die auf anziehende Kräfte zwischen den einzelnen Molekülen der Flüssigkeiten beruhen und dafür sorgen, daß die einzelnen Moleküle zusammen bleiben und sich nicht einzeln verteilen .

Wir wissen alle z.B. was passiert , wen wir etwas Wasser auf den Boden gießen. Die Wassermoleküle fallen nicht etwa auseinander, sondern bilden einzelne **Tropfen und kleinere und größere Wasserflächen. Sie bleiben also in Gruppen zusammen .**
(vergl. auch die **Van-der Waals-Kräfte**) .

Das bedeutet eine **Erhöhung der Überlebenschancen** der Wassermoleküle, da sie einzeln in der großen Welt schnell verloren wären . **Dies ist vergleichbar mit der Gruppenbildung bei den Tieren**, die ebenfalls einen erheblichen Schutz und somit eine erhebliche Steigerung der Überlebenschancen bedeutet .

3. **Mechanik :**

Die Newtonsche Axiome :

Z.B. aus dem **2. Axiom** geht hervor, daß eine konstant auf einen Körper wirkende Kraft zu einer beschleunigten Bewegung führt .

Der Sinn dieser Tatsache besteht darin, daß wenn der betreffende Körper nicht nachgeben und sich nicht entsprechen der Krafteinwirkung bewegen würde, durch die Kraft zunehmend komprimiert und Gefahr laufen würde zerstört zu werden.
Es handelt sich somit um eine Art Anpassung, **um ein Bestreben der Materie zu überleben .**

Gemäß dem **3. Axiom** ruft eine Kraft , die auf einen Körper wirkt, eine Gegenkraft hervor , die genau so stark, aber entgegengesetzt ist ,

Auch der Sinn dieses Axioms ist **das allgemeine Bestreben der Materie ist zu überleben** und eine Art **Abwehrmechanismus** gegen die Umwelt, da sonst die einwirkende Kraft zum Zerstören der Materie führen könnte.

4. **Elastizitätsänderung** : Wir versuchen einen nicht allzu dicken Ast zu brechen .
Beim 1. Versuch biegen wir den Ast **plötzlich** ab bis er bricht, und beim 2. Mal biegen wir den Ast **langsam** ab, bis er ebenfalls bricht . Wir werden feststellen, daß der Ast beim 1. Versuch deutlich früher bricht als beim 2.Versuch . **Warum ?**

Wenn wir den Ast langsam abbiegen, haben die Moleküle des Astes ausreichend Zeit sich so zu ordnen, daß der Ast nicht so schnell bricht , **sie leisten quasi Widerstand gegen die äußere Gewalteinwirkung**. Wenn wir aber den Ast schnell abbiegen, bleibt den einzelnen Molekülen keine Zeit sich entsprechend zu ordnen

Dies ist im übrigen einer der Gründe , weshalb die **Karate-Schläge** erheblich wirksamer sind beim Brechen der Gegenstände ,da diese Schläge nicht nur kräftiger, sondern auch **erheblich schneller** sind .

Die einzelnen Moleküle des Astes haben also auch hier **das Bestreben zu überleben** , also gegenüber der äußerlichen Gewaltanwendung Widerstand zu leisten , damit der Ast möglich nicht bricht ,wenn es irgendwie möglich ist .

B. Physik/ Astronomie:

1. Verklumpen der Atome bei der Entstehung der Sterne:

Der Sinn des Verklumpen der Atome bei der Entstehung der Sterne ist durch den Zusammenschluß und Erreichen einer bestimmten Größe thermonukleare Reaktionen einzuleiten , um so erhebliche Mengen Energie zu gewinnen und somit besser **zu überleben** . Die einzelnen Atome wären einzeln sozusagen heimatlos , wären im riesengroßen Universums verloren ,und außerdem nicht in der Lage diese Energiequelle anzuzapfen .
Außerdem entsteht durch den Zusammenschluß der vielen einzelnen Atome, de für sich alleine nur über eine äußerst winzige Gravitationskraft verfügen würden, eine große Gravitation zu erzielen , die es ermöglicht besser überleben zu können, anstatt von anderen Objekten angezogen zu werden und somit verloren zu gehen .

2. Verklumpen der Atome zu Planeten:

Auch bei der Planetenbildung entsteht durch die Verklumpung eine Art Zusammenhalt , wie bei der Gesellschaftsbildung der Menschen, und **erhöht die Überlebenschancen** . Einzelne Atome im Universum wären sozusagen verloren .

3. Galaxiebildung :

Ebenfalls bei der Galaxiebildung handelt es sich um ein Bestreben nach Überleben , da dadurch zahlreiche Sterne zusammengehalten werden , eine riesengroße Kraft (Gravitationskraft) darstellen und somit **besser überleben** können .

Das Verklumpen der Atome und Moleküle bzw. der Materie ist vergleichbar mit der **Gruppenbildung bei den Tieren** . Die einzelnen Tiere genießen in der Gruppe einen größeren Schutz gegenüber den äußeren Gefahren und ihre Überlebenschance wird so erheblich erhöht .

Es muß betont werden, daß einige physikalischen Veränderungen und astronomischen Erscheinungen durchaus **Zwischenstufen** darstellen können, auf dem Weg der Perfektionierung und somit des Überlebens.

Zusammengefasst hat also auch die Materie das Bestreben zu überleben , und genau das ist auch der Grund und Sinn der meisten physikalischen Veränderungen und der meisten Astronomischen Erscheinungen.

Kapitel 11

Meine Theorie über den eigentlichen Sinn der chemischen Verbindungen

Warum verbinden sich die Elemente ?
Welchen Sinn haben die chemischen Verbindungen ?
Was haben chemische Verbindungen mit der Evolution zu tun ?

Chemie ist die Lehre der chemischen Verbindungen. Wenn sie aber in einem Chemie-Buch nachsehen wollen, was der eigentliche Sinn und der eigentliche Grund für chemische Verbindungen ist, so suchen Sie meistens völlig vergebens.
Es wird aber völlig als selbstverständlich erachtet, daß die Elemente sich miteinander verbinden.
Dort ist anstatt dessen viel von den positiven und negativen Ladungen die Rede, so wie von den Wertigkeiten der Elemente .

Meine Theorie über den eigentlichen und tieferen Sinn und den Grund der chemischen Verbindungen:

Deswegen wollen wir hier uns mit dem eigentlichen „ Warum ? „und dem eigentlichen Zweck und Sinn der chemischen Verbindungen auseinandersetzen und versuchen , ob wir diese Fragen beantworten können :

Wir nehmen als Beispiel das **Kochsalz** , das die chemische Formel **NaCl** hat. Das bedeutet bekanntlich, daß das Kochsalzmolekül aus der Verbindung von einem Atom Natrium (Na) und einem Atom Chlor (Cl) besteht. Wir kennen alle Chlor und wissen , daß es sich um ein **gasförmiges** Element handelt , ein sogenanntes Halogen,, mit einem stechenden scharfen Geruch . Beim Natrium handelt es sich bekanntlich um ein **Metall**, genauer gesagt um ein Erdalkalimetall , d.h. es hat metallische Eigenschaften, wie Leitfähigkeit usw.
Das Ergebnis dieser chemischen Verbindung ist das Kochsalz, das wir alle kennen. Es ist **fest**, hat eine **Kristallstruktur** , ist **weiß** und **schmeckt salzig**, hat also völlig andere Eigenschaften , als seine chemischen Bestandteile, genau so wie auch bei den anderen chemischen Verbindungen.

Was ist chemisch passiert ? Das **Natriumatom** mit er Ordnungszahl 11 auf der Mendelejewschen Tabelle, **das in seiner 3. (äußeren) Schale nur ein einziges Elektron** hat, **hat 1 Elektron an das Chloratom abgegeben** und somit dieses sozusagen überzählige Elektron auf seiner äußeren Schale in idealer Art und Weise los geworden , so daß seine nächst tiefere 2. Schale nunmehr mit 8 Elektronen ideal voll besetzt ist Das **Chloratom** mit der Ordnungszahl

17 hat auf seiner äußeren 3. Schale **ein Elektron vom den Natrium aufgenommen und somit seine gesamte Elektronenzahl mit 18 ideal komplementiert. Das Produkt ist also ein ziemlich ideales Ergebnis**.

Nebenbei gemerkt , das entstandene Molekül verrät seine Zusammensetzung durch das **Lösen im Wasser**, weil es sich in Na Und Cl spaltet, allerdings in jeweils ionisierter Form, durch **Spektroskopie** , weil dadurch die charakteristischen Spektren sowohl des Natriums, als auch des Chlors sichtbar werden, und ferner durch **chemische Analyse.**

Das Chloratom und das Natriumatom haben sich also zu etwas höherwertigerem zusammengeschlossen und sich in idealer Weise ergänzt.
Das Produkt ist nicht mehr gasförmig und flüchtig , wie zuvor das Cl-Atom.

Auch das Wasser-Molekül ist ein gutes Beispiel . Aus der Verbindung von 2 flüchtigen **Gasen**, nämlich **H2** (Wasserstoff) und **O** (Sauerstoff) entsteht **H2O** (Wasser), das nicht mehr gasförmig und somit nicht flüchtig ist, sondern **flüssig**.

Diese Ergebnisse sind vergleichbar mit Ehepaaren .

Das ist aber keineswegs der tiefere Sinn der chemischen Verbindungen . Deswegen wollen wir noch etwas mehr darüber nachdenken und uns etwas mehr vertiefen.

Wie in den vergangenen Kapiteln bereits erwähnt, **besteht in der Natur generell eine Bestrebung nach**

zunehmender Perfektionierung und somit nach Überleben .

Alles , was perfekter wird, hat nämlich auch gleichzeitig eine höhere Überlebenschance .

Das wird völlig verständlich , wenn wir uns vergegenwärtigen , welche enorme Gefahren im Universum existieren.

Die einzelnen chemischen Verbindungen, die entstehen, brauchen aber keineswegs Endprodukte zur Perfektionierung darzustellen, sondern können durchaus auch **Zwischenstufen** sein. So kann die Natur praktisch lange Zeit sozusagen frei experimentieren, bis die perfekten Entprodukte entstehen, so wie z.B. die DNA-Moleküle entstanden sind.

Wir kehren nochmals zurück zu unserem Kochsalzmolekül. Wie wir gesehen haben , handelt es sich dabei um ein sehr einfaches und kleines Molekül, das nur aus 2 Atomen besteht. Wir wissen aber, daß auch mehrere Atome sich zu einem Molekül verbinden können, was zur Entstehung von größeren und komplizierteren Molekülen führt.
Z.B. das Molekül von **Kaliumpermanganat** mit der chemischen Formal $KMnO4$ bestehen aus 6 Atomen. So können immer mehr Atome sich zusammenschließen , und immer größere Moleküle zu bilden.

Aus der **organischen Chemie** kennen wir erheblich größere und kompliziertere Moleküle mit beachtlichen Molekulargewichten.
So können immer größere Moleküle entstehen , bis zur Entstehung von Makromolekülen .

So sind auf der Erde immer größere und kompliziertere Moleküle entstanden , bis eines Tages die Nukleinsäuremoleküle auftauchten und somit auch **DNA**, woraus die **Chromosomen** bestehen.

Dies war gleichzeitig ein Riesenschritt und ein Riesenereignis, da damit auf der Erde gleichzeitig auch das Leben entstand, da die DNA-Moleküle Eigenschaften haben, die wir schlechthin als Leben bezeichnen .

Es war somit mit diesem Schritt plötzlich eine Riesenperfektionierung gelungen und somit auch ein enormer Schritt bei den Bestrebungen zwecks Überleben.

Der tiefere Sinn und Zweck der meisten chemischen Verbindungen ist somit ein Bestreben nach Perfektionierung und somit und vor allem ein Bestreben nach Überleben.

Es ist im Rahmen dieses Buches leider nicht möglich , näher auf diese äußerst faszinierenden Phänomene einzugehen und wird deswegen wegen einer erheblich ausführlicheren Darstellung **verweisen auf mein Buch " Leben, Krankheit, Alter, Tod, energetische Therapie", das ausführlicher sich mit diesen Phänomenen beschäftigt und u.a. zeigt, daß auch die sogenannte „tote" Materie in Wirklichkeit keineswegs ganz tot ist.**

Kapitel 12

Kurzer Überblick über die Evolution einiger Organe der Lebewesen

Weshalb sind die Herzen, die Lungen und auch die anderen Organe der Lebewesen mehrmals im Laufe der Zeit wiederholt geändert worden ?
Haben sie vielleicht nicht gut genug funktioniert ?

Ich möchte hier nur kurz auf die Evolution einiger Organe der Lebewesen eingehen, nur soweit es zum besseren Verständnis und besseren Darstellung der Thematik dieses Buches erforderlich erscheint. Im Interesse einer kompakteren Darstellung beschränke ich mich hier im wesentlichen nur auf die Wirbeltiere.

1. Evolution des Herzens:

Beim **Menschen** und auch bei den anderen **Säugetieren** bestehen **2 Kreisläufe** ,nämlich der **große Kreislauf** und der **Lungenkreislauf**, und das Herz besteht aus **2 voneinander vollständig getrennten Hälften** , die **jeweils aus 1 Vorhof und 1 Kammer** bestehen. **Das arterielle und das venöse Blut sind also voneinander getrennt und werden als miteinander nicht vermischt**. In dem Pulmonalkreislauf (kleiner Kreislauf) verläßt das venöse Blut das Herz ,wird in den Lungen **arterialisiert** (mit Sauerstoff angereichert) und kehrt zum Herzen somit als arterialisiertes Blut zurück. Beim großen Kreislauf wird dann das arterialisierte Blut in den gesamten Körper gepumpt und kehrt schließlich als venöses Blut durch die Venae cavae (Hohlvenen) zum Herzen zurück.

Das hat sich im Laufe der Evolution langsam und stufenweise entwickelt.

Bei den **Wirbellosen** Tieren , war ein eigentliches Herz überhaupt nicht vorhanden, sondern das Blut wurde gepumpt durch **Gefäßkontraktionen**.

Bei den Wirbeltieren entwickelte sich das Herz stufenweise. Bei den **Fischen** besteht das Herz aus **1 Vorhof und 1 Kammer,** so daß **eine Trennung in arterielles und venöses Blut erst gar nicht stattfindet** . Es besteht also nur ein **einfacher Kreislauf**. Das Blut wird zwar in den Kiemen arterialisiert, kehrte jedoch nicht mehr zum Herzen zurück , sondern wird von den Kiemen direkt in den Körper weiter geleitet. Das Herz hat also praktisch nur eine Pumpenfunktion.
Erst bei den anderen höher entwickelten Wirbeltieren entwickelte sich parallel zur Entwicklung der Lungenatmung, ein doppelter Kreislauf .

Bei **Amphibien** besteht das Herz aus **1 Kammer und 2 Vorhöfen**. Das in den Lungen arterialisierte Blut kehrt zwar zu dem Herzen zurück, , **das arterialiserte Blut mischt sich jedoch im Herzen mit dem venösen Blu**t, da die beiden Hälften des Herzens keine Trennwand haben und somit voneinander nicht getrennt sind.

Bei Reptilien bildete sich zwar eine **kleine Trennwand,** die jedoch beide Herzhälften **nicht vollständig** von einander trennt, da sie nicht vollständig und offen ist.

Deshalb ermüden niedrigere Wirbeltieren wie z.B. Schlangen sehr schnell und sind z.B. nur in der Lage nur wenige Male aufzuspringen um zu beißen , weil insbesondere ihre Körper nicht von arterialisiertem , sondern nur vom gemischten Blut versorgt wird und deswegen weniger sauerstoffhaltig ist, als z.B. das Blut von Menschen .

Erst bei den **Vögeln** und bei den **Säugetieren** wurde die **Trennwand vollständig**, so daß **das Herz nunmehr aus 2 voneinander völlig getrennten Hälften** besteht , die **jeweils aus 1 Vorhof und 1 Kammer** bestehen .

Im Rahmen von Entwicklungsmißbildungen gibt es bei Menschen Krankheiten (angeborene **Herzvitien**), bei denen die Trennung beider Herzhälften nicht vollständig erfolgt ist, so daß beide Herzhälften miteinander kommunizieren , z.B. als Vorhofseptumdefekte, oder Kammerseptumdefekte , sogenannte Fallotsche Tetralogie und Trilogie. Die Patienten mit Fallotscher Tetralogie sind deswegen **zyanotisch** (sehen blau aus) da dadurch das arterielle Blut mit dem venösen Blut vermischt wird .

Zusammengefasst funktioniert das Herz der niedrigeren Wirbeltiere als eine einfache Pumpe zur Aufrechterhaltung <u>eines</u> Kreislaufs, währen das Herz der höheren Wirbeltiere sich zu einer doppelten Pumpe entwickelte , zur Aufrechterhaltung von <u>2</u> Kreisläufen , eines kleinen pulmonalen und eines großen Kreislaufs.

<u>2. Evolution der Lungen:</u>

Die **Fische** haben **Kiemen** und können nur den im Wasser gelösten Sauerstoff aufnehmen. Die Luft ist für sie bekanntlich tödlich.

Bei den **Molchen** haben die **Lungen kein Bronchialsystem und keine Alveolen,** sondern bestehen jeweils nur aus einem sackartigen Gebilde , mit glatten Wänden.

Bei **Fröschen** haben die Wände dieser sackartigen Gebilde bereits einfache **Falten**.

Bei den **Kriechtieren** (z.B. Eidechsen) sind die Falten nochmals gefaltet.

Die **Säugetieren** verfügen bereits über ein **Bronchialsystem** .

Beim Menschen , sowie bei den anderen Säugetieren , Teilt sich die Trachea (Luftröhre) in 2 Hauptbronchien , die ihrerseits sich mehrfach verzweigen und einen **Bronchialbaum** bilden. Sie münden in **Bronchiolen** , die ihrerseits schließlich in **Alveolen** enden.

Die zur Verfügung stehende Fläche für Sauerstoffaufnahme wird also bis zu den Menschen laufend größer und differenzierter.

3. Evolution des Gehirns:

Bei niedrigeren Wirbeltieren ist das Großhirn sehr klein , in Relation zu dem gesamten Gehirn, insbesondere bei Fischen , während insbesondere bei Fischen das Kleinhirn sehr groß ist. Der Grund liegt darin, daß z.B. bei Fischen das Gehirn hauptsächlich **Gleichgewichts- und Koordinations-Funktionen** zu erfüllen hat und **keine Denkleitungen** . Wir wissen , daß das Kleinhirn für Gleichgewichts- und Koordinationsfunktionen verantwortlich ist.

Das **Großhirn** ist bei **Vögeln weiter entwickelt und relativ größer** und erst bei **Säugetieren erheblich größer** .
Beim Menschen ist das Großhirn noch erheblich weiter entwickelt , noch erheblich größer und ist das weitaus

größte Teil des Gehirns , da bei Menschen das Denken und die willkürlichen Bewegungen im Vordergrund stehen .

4. Evolution der Augen:

Beim **Regenwurm** ist das Sehorgan sehr einfach und besteht nur aus **einfachen Sehzellen** , die in der Haut praktisch **über den ganzen Körper verstreut** sind und nur zum **Helldunkelsehen** geeignet sind .

Jeder kennt ferner die sogenannten **Facettenaugen der Insekten** , die aus zahlreichen kleinen Einzelaugen bestehen.

Zwar sind die Augen sämtlicher Wirbeltieren weit entwickelt , es gibt aber einige Detailunterschiede zu dem menschlichen Auge .

Z.B. die Fische können bei der Akkomodation die Brechkraft ihrer Linsen nicht ändern, sonder sie ändern die Lage der Linse zu der Retina.

Der **Mensch** ist allerdings das einzige Lebewesen, mit der Fähigkeit des **räumlichen Sehens**, weil die Augen nicht seitlich liegen, wie bei den anderen Wirbeltieren oder Säugetieren , sondern weil beide Augen vorne liegen , mit einem Abstand dazwischen.

Zusammengefaßt hat die Natur keineswegs von vorn herein die perfekte Lösung gefunden, sondern es wurde offenbar experimentiert , auftretende Probleme zunächst erkannt, Lösungen gesucht, geplant und Schritt für Schritt weiter entwickelt ,verbessert , ausprobiert , beim Nichtbewähren wieder abgeschafft und beim Bewähren immer weiter entwickelt.

Das ist die bewährte Methode der Evolution , die der Mensch nachmacht, weniger bewußt , sondern weil dies beim Menschen angeboren ist und von der Natur in seinem Verhalten gegeben ist.

Kapitel 13

Evolution der Technik

durch Menschen

Weshalb laufen die technischen Entwicklungen über mehrere Stufen ?
Weshalb werden technische Geräte laufend geändert ?
Weshalb werden nicht von vorn herein perfekte Geräte konstruiert ?

Die Technik , die Kunst und auch die Kultur von heute sind bekanntlich nicht immer so gewesen wie heute, sondern sind langsam und stufenweise im Laufe vieler Jahre entwickelt worden .
Deswegen ist es wichtig ,daß wir uns hier zumindest kurz damit befassen , weil diese Entwicklungen für das Verständnis der Thematik dieses Buches unentbehrlich ist, völlig abgesehen davon, daß diese Evolution außerdem äußerst interessant ist.

Bei allen Entwicklungen ist es ähnlich gewesen : Zuerst wurde die Idee geboren z.B. durch eine Erfindung, dann kam die erste Verwirklichung dieser Idee. Es stellte sich dann heraus, daß die erste Verwirklichung große Nachteile hatte. Dann wurden Schritt von Schritt versucht die Nachteile zu beheben, zu verbessern und zu perfektionieren .

Nachfolgende Beispiele mögen dies verdeutlichen :

1. Die Entwicklung des Fahrrads:

Nach einigen anfänglichen Geh- bzw. Laufversuchen mit 2 Rädern entstanden die ersten eigentlichen Fahrräder bestehend aus **einem riesengroßen** und **einem sehr kleinen Rad ,** die sogenannten **Hochräder**, wobei der Sattel sich über dem großen Rad befand. Der Sinn des großen Rades war schon durch kleine Fußbewegungen eine relativ große Strecke zurücklegen zu können , da die Ketten- bzw. die Übersetzungstechnik noch nicht bekannt war.

Später wurde die Idee der **Übersetzungs- bzw. die Kettentechnik** geboren . Deswegen konnten nun Fahrräder konstruiert werden, die **2 gleiche, aber kleinere Räder hatten** . Als nächstes kamen dann Fahrräder mit **Gangschaltung** ,so daß man Steigungen besser überwinden konnte ,und **Rennräder**.
Die Fahrräder , mit denn man sogar kleinere **Sprünge** machen kann , kamen erst vor nicht allzu lange Zeit und

bildeten sozusagen die bisherige Krönung, auch wenn eine ziemlich verrückte .

Die erste Idee war also das einfache Fahren auf 2 Rädern . Die Idee der Übersetzung durch Zahnräder und die Idee der Kettentechnik entstanden und wurden verwirklicht also erst später d.h. in einer späteren Stufe. Das Getriebe folgte dann in einer darauffolgenden Stufe.

2. Die Entwicklung des Motorrads : Es war eine originelle Idee , Fahrräder mit Motor zu versehen.
Die eigentlichen ersten Motorräder , die entstanden , sahen anfangs völlig anders aus als die heutigen . Sie wurden außerdem langsam immer **stärker und somit schneller** . Die Motorräder mit Beiwagen und die Roller stellen Variationen des normalen Motorrades dar.

Die erste Idee und die erste Stufe war also das Fahrradfahren zu motorisieren und somit zu erleichtern. In den nächsten Stufen wurden die Motoren stärker , die Form vollendeter und die Ausstattung vielfältiger .

3. Die Entwicklung des Autos:

Die ersten Autos ähnelten sehr stark den **Kutschen**, und hatte kein Metalldach, sondern nur **zuziehbares Dach**, wie bei den Kutschen. Die **Kotflügel waren aufgesetzt** und nicht in der Karosserie integriert. Die **Hupe bestand aus einem Gummiballon und einer Trompete,** genau sowie die

Hupe einer Kutsche .Die **Scheinwerfer waren aufmontiert** und waren noch keineswegs in der Karosserie eingelassen bzw. integriert. Die **Motoren waren sehr schwach** und die Autos waren deswegen sehr **langsam**. Die ersten Autos hatten außerdem noch **keine Kardanwelle sondern Kettentechnik,** wie bei den Fahrrädern.

Die **Motoren wurden langsam immer stärker**, so daß immer größere Rekorde bei den Höchstgeschwindigkeiten aufgestellt werden konnten.
An Stelle der Kettentechnik kam die **Kardanwelle** .
Später wurde die **elektrische Hupe erfunden und dann die Doppelhornhupe.**
Es wurden dann Autos gebaut, bei denen die **Scheinwerfer in der Karosserie integriert** war und erst in den 40er Jahren wurden die Kotflügel in der Karosserie integriert.
Die **Aerodynamik** spielte bei den früheren Autos keine Rolle und wurde erst sehr spät berücksichtigt. Dadurch wurden die Autos u.a. runder .
Die ersten entwickelten **Getriebe** waren nicht **synchronisiert** und krachten beim Schalten
Die Erfindung der **Synchronisierung** und erst die **Getriebeautomatik** brachten eine erhebliche Fahrerleichterung.
Die Trommelbremse wurde durch die **Scheibenbremse** ersetzt .
Die **Turboladung**, sowie die **4-Ventil-Technik** stellen weitere Meilensteine der Automobiltechnik dar.
Die einzelnen technischen Sonderausstattungen wurden nach und nach entwickelt und verbessert und erst in der letzten Zeit wurde mehr und mehr **Computertechnik** beim Auto verwendet und führten zu Entwicklungen wie **Antiblockier**- und **Antischlupftechnik**

Die **Rennautos** haben zwar eine Parallele, aber doch eine eigene Entwicklung durchgemacht . Doch sahen die früheren Rennwagen m.E. viel schöner aus, als die heutigen, so daß abgesehen von dem technischen Fortschritt, der Rest der Entwicklung der Rennwagen , als **Fehlentwicklung** bezeichnet werden muß, die irgendwann korrigiert werden wird.

Die erste Idee war also ein motorisiertes komfortables Fahren. Da damals die Kutsche das übliche Fahrzeug zum Fortbewegen und Reisen darstellte, wurde die Form der Kutsche als Leitbild für das Aussehen verwendet. Die ersten entstandenen Autos ähnelten deswegen stark den Kutschen und sahen somit ganz anders aus . Die Motoren , die Karosserie und die gesamte Technik des Autos wurde dann nach und nach verbessert. Es mußte Schritt für Schritt und Stufe für Stufe entwickelt und verbessert sowie perfektioniert werden , bis die heutigen Autos entstanden.

Also auch hier wurde nicht die komplette perfekte Idee von vornherein geboren und präsentiert ,sondern die erste Idee war alles andere als perfekt und mußte in einzelnen Gedankengängen und Schritten , Stufe für Stufe weiter entwickelt und verbessert werden.

4. Die Entwicklung des Flugzeugs:

Die ersten Flugversuche wurden von Lilienthal unternommen . Er wollte die Vögel nachahmen und benutzte dabei auch bewegliche Flügel. Er stürzte jedoch tödlich ab .

Es waren die Gebrüder Wright in den USA, die in den Jahren 1903 und 19o4 das erste Motorflugzeug bauten . Diese Flugzeuge waren jeweils mit **doppelten Flügeln** ausgestattet und wurden mit Propeller betrieben.
Die **Propellertechnik** wurde im Laufe der darauffolgenden Jahre immer verbessert und es konnten immer **größere Geschwindigkeiten** erzielt werden.
Viel später kamen die **Düsenflugzeuge** , die die **Rückstoßtechnik** benutzen.
Dadurch konnten erheblich größere Geschwindigkeiten erzielt werden und die Flugzeuge konnten außerdem erheblich höher steigen.

Die **Raumfahrt** ist praktisch die Fortsetzung der Flugtechnik und benutzt ebenfalls den Rückstoß als Antriebsmodus..

5. Die Entwicklung des Rades

Das **hölzerne Wagenrad** wurde sehr früh , nämlich schon ca. 4000 Jahre v. Ch. erfunden.
Viel später gab es Räder mit einer Lauffläche aus **Vollgummi**.
Die Fahrradräder mit einer Vielzahl von kleinen **Speichen** stellten einen echten Fortschritt dar .
Die mit **Luftreifen** versehenen Autoräder waren ein riesengroßer Fortschritt. Dann kamen weitere Verbesserungen wie **Diagonalreifen** und später die **Gürtel- oder Radialreifen** .
Auch hier wurde zuerst die Idee geboren , und dann langsam perfektioniert.

6. Die Entwicklung des Radios :

Die Entdeckung der **elektromagnetischen Wellen** durch im 19. Jahrhundert war die Voraussetzung und der Grundstein für die Entwicklung der **Rundfunktechnik** und der darauf beruhenden **drahtlosen Empfang** , der eine echte Sensation darstellte . Zwar ist der leise Empfang eines Senders mit Hilfe der elektromagnetischen Wellen auch ohne Röhren möglich, doch die ersten brauchbaren Rundfunkgeräte, die eine kommerzielle Verbreiterung fanden , waren Geräte mit der **Röhrentechnik.** Die ersten gebauten Geräte sahen auch äußerlich ganz anders aus, als die heutigen Geräte , waren größer und klotzig.

Der Wellenumfang , der lange Zeit aus **KW, MW und LW** bestand wurde etwa Mitte der fünfziger Jahre erweitert und bereichert durch **UKW**, die eigentlich erst einen sauberen und **rauschfreien Empfang** ermöglichte.

Durch die **Transistortechnik** , die erst durch die Entdeckung bzw. Entwicklung des Transistors 1947-1948 möglich wurde , gelang erst die äußeren Dimensionen der Geräte erheblich zu verkleinern und **kleinere und leichtere Geräte** und auch Kleinstgeräte zu bauen .

Die **HiFi-Technik** und **Stereo-Empfang** waren weitere sensationellen Stationen .

De einzelnen Bausteine wurden dann auseinander getrennt und so entstanden **Tuner, Vorverstärker und Verstärker in separaten Gehäusen.**

Die **digitale Technik** , sowie Einführung des **Computers** in die Unterhaltungselektronik ermöglichte weitere erhebliche Verbesserungen. Der **räumlicher Klang** mit Hilfe von **Dolby Surround**, **Dolby Prologik** , oder **Dolby Digital** machte **dann die Musik zum vollendeten Genuß**.

Zusammengefaßt wurden auch hier die anfänglich einfachen Geräten stufenweise weiter entwickelt und verbessert , bis die heutige Geräte entstehen konnten.

7. Die Entwicklung des Fernsehens:

die ersten Fernsehgeräte, **flimmerten** , da die Bildfrequenz noch zu niedrig war, und waren natürlich **Schwarz-Weiß**-Geräte , die noch anders aussahen , als die heutige Geräte und hatten eine **Röhrentechnik**. Der Ton war selbstverständlich **Mono**. Sie waren anfänglich so teuer, daß ein Privatmann sie sich nicht leisten konnte, so daß sie nur für bei öffentlichen Vorführungen zu sehen waren.
Die fortschreitende Technik machte dann eine Erhöhung der Bildfrequenz möglich , so daß das Flimmern zurückging. **Farbfernsehgeräte** kamen in Deutschland erst in den 60 er Jahren , die **stereo- und HiFi-Technik** bereicherten die Tonwiedergabe erheblich .

Die Ablösung der Bildröhrentechnik durch die Flüssigkristall- bzw. Plasma-Technik führte schließlich zu den heutigen

Geräten mit **flachem und erheblich größerem Bildschirm** und **erheblich besserer Auflösung** .

So entstanden die heutigen Fernsehgeräte ebenfalls im Zuge einer schrittweise erfolgten Entwicklung und Verbesserung.

8. Entwicklung der Schallplatte bzw. des Tonträgers :

Zuerst wurden die Schallwellen auf einer **Walze** festgehalten bzw. registriert.
Es stellte sich dann heraus, daß eine Walze nicht geeignet ist zur Vervielfältigung d.h. zur Herstellung größerer Zahl von Kopien bzw. Abdrücke für Verkaufszwecke.

Deswegen kam man auf die Idee , Ton auf **Schallplatten** zu registrieren , die aus Schellack bestanden . Die **Schellackplatten** konnten nunmehr vom Original relativ einfach gepreßt werden Es gelang nun die Vermarktung der Schellackplatten in sehr großer Stückzahl.

Es wurde lange Zeit an der Umdrehungszahl der **78 / Minute** festgehalten. Dann kamen die Umdrehungszahlen **45 und 33 .**
Insbesondere durch die langsamere Umdrehungszahl der 33er Platten wurde die **Langspielplatte** ermöglicht.
Bisher handelte es sich um **analoge** Übertragung .

Erst in den 70er und 80er Jahren kamen die **Digitaltechnik** und somit die **CDs,** wobei die Digitaltechnik laufend verbessert wurde .

Die **DVD-Technik** schloß sich an und ermöglichte außerdem eine gleichzeitige ausgezeichnete **Bildaufzeichnung** und verbesserte somit auch den **Videorecorder**.

Die erste Idee war also das Festhalten des Tons. Dann wurde überlegt , wie eine einfache Vervielfältigung möglich ist und so entstand die Schellackplatte . Die Technik wurde stufenweise immer verbessert und perfektioniert. Anfangs existierte nur Analogtechnik. Später kam die Digitaltechnik.

9. Die Entwicklung des Plattenspielers :

Die ersten Plattenspieler, die gebaut wurden, hatten ein **voll mechanisches durch Feder angetriebenes Antriebswerk, das mit der Hand aufgezogen werden mußte.**

Die Tonrillen der Schellackplatten wurden **durch eine Nadel abgetastet.** Die **Schallverstärkung erfolgte ebenfalls mechanisch** , und zwar durch ein **trompetenähnliches Rohr**. Diese Geräte sind als **Gramaphon** bekannt.

Später wurde das mechanische Antriebswerk durch **Elektromotoren** ersetzt .

Die mechanische Verstärkung wurde im Rahmen einer weiteren Verbesserung ersetzt durch eine **elektronische Verstärkung mit Lautsprechern .**
Es wurden ferner **Tonabnehmersysteme** entwickelt , die anfangs **MM** (= moving magnet) waren. Erst wesentlich später kam **MC** (= moving coil) hinzu.
Die Abtastnadel wurden erheblich kleiner und mit einer **Diamantenspitze** versehen, damit der Verschleiß erheblich kleiner wird.
Die Entdeckung von **HiFi und Stereo** stellten weitere wesentliche Verbesserungen dar .
Mit der Einführung des **Digitaltechnik** im Tonbereich und Erscheinen der **CDs** kamen die **CD-Player** , die ebenfalls laufend verbessert wurden.
Die Abtastung erfolgte nun durch **Laser** .
Es wurde die anfänglich geringere **Bit-Zahl** erhöht , sowie die **Oversampling** , so daß die Qualität der Musik verfeinert wurde .
Parallel dazu entwickelte sich die sogenannte Ein-Bit - Technik.
Der **DVD-Player** kam später und ermöglichte auch eine gleichzeitige Bildaufzeichnung und -wiedergabe. .

Zusammengefaßt, entstanden durch ständige Verbesserungen in Rahmen vieler kleiner und großer Einzelschritte aus den anfänglichen sehr einfachen Walzen komplizierte Geräte mit einer erheblichen und unvorstellbaren Tonverbesserung , mit einer erheblichen Erweiterung des Tonumfanges und einer enormen Wattleistung.

10. Die Entwicklung des Telefons:

Die ersten Telefon-Apparate waren sehr groß, das **Sprechmikrophon war getrennt vom Hörer** und die **Gespräche mußten von einer Zentrale verbunden werden.**
einige weitere Stationen der Entwicklung waren, **Integrieren des Sprechmikrophons in dem Hörer, Direktwahl , Verkleinerung der Apparate, andere Klingelzeichen, Handy .**

Also auch hier erfolgte die Verbesserung stufenweise .

11. Die Entwicklung der Brille:

Zuerst entstand das **Einglas bzw. das Monokel,** das noch weder einen Rahmen, noch ein Gestell hatte.
Das Halten geschah durch das Festkneifen mit dem Auge
Das war zugleich die einfachste Form , ein Glas vor das Auge zu bringen .
Dann kam der sogenannte **Kneifer, der 2 Gläser hatte , verbunden mit einem Zwischenstück in Form eines Bügels ,**das sich auf der Nase festhielt.
Erst dann kam die Idee , **die Brille mit einem Gestell zu versehen, das auf den Ohren sitzt**, damit erheblich besser und fester sitzen kann .

Die Idee war die Korrektur der Refraktionsanomalie mit Hilfe eines Konvex- oder Konkav-Glases . Die erste Stufe war ein Glas, die nächste Stufe 2 Gläser, wobei

auch das Problem der Befestigung der Brille in mehreren oben beschriebenen Stufen geschah.

12. Die Entwicklung der Uhren:

Die ersten Uhren waren **mechanisch** und **mußten mit der Hand aufgezogen werden.**
Wesentlich später kamen die sogenannten **Automatik-Uhren** , **die Bewegungen als Energiequelle benutzten** , so daß sie nicht mehr aufgezogen zu werden brauchten. Später kamen **die Batterie betriebenen Quarzuhren** , die erheblich präziser waren und später die **Atomuhren**.

Auch hier wurde die einfache anfängliche Idee Stufe für Stufe verbessert.

13. Die Entwicklung des Schlüssels:

Die ersten Schlüssel waren **sehr groß und hatten am Ende wenige Zacken.** Sie waren noch relativ unsicher, da die dazu passenden Schlösser ohne den richtigen Schlüssel leicht zu öffnen waren.
Dann entwickelte man die sogenannten **Sicherheitsschlüssel**, **die kleiner waren und mehr Zacken hatten.**

Die nächste Entwicklungsstufe waren **flache Schlüssel mit Vertiefungen,** anstatt Zacken, die erheblich sicherer sind. Zuletzt hat man **runde Schlüssel entwickelt, mit Zacken.** Es gibt auch Schlösser , die mit einem **Computer** versehen sind, und nur mit der richtigen Code-Nr. geöffnet werden können.

Die zunächst einfachen Schlüssel wurden auch hier Schritt für Schritt perfektioniert.

14. Die Entwicklung von Bügeleisen :

Die früheren Bügeleisen **wurden erhitzt durch Kohle**, und sahen sehr klotzig und eckig aus.
Die **elektrische Bügeleisen** kamen wesentlich später, nach der Entdeckung der Elektrizität und Versorgung der Haushalte mit dem elektrischen Strom. Sie sind bekanntlich kleiner, und rundlicher

15. Die Entwicklung des Rasierens:

Anfangs gab es nur **Naßrasur**, die umständlich und mit Verletzungsgefahr verbunden war. Erst viel später kam die **Elektrorasur**, die ihrerseits ständig verbessert wurde und eine erhebliche Vereinfachung darstellte .

Auch hier ist die Verbesserung unverkennbar.

16. Die Entwicklung des Baus bzw. der Baustoffe :

Die früheren Menschen bewohnten die **Höhlen** und konnten noch keine Häuser bauen.
So weit bekannt , hat man vor ca. 4-5000 Jahren **Natursteine** verwendet, jedoch nur bei Palästen , Pyramiden und einigen größeren öffentlichen Gebäuden . Die einfachen Häuser wurden höchstwahrscheinlich aus **Lehm** gebaut.
Die Steine , die wir heute verwenden, wie die **Kalksandsteine** , sind gar nicht so alt.
Revolutioniert wurde jedoch das Bauen durch die Erfindung von **Beton** und insbesondere **Stahlbeton**. Dadurch wurde erst möglich **Hochhäuser** zu errichten.

Auch hier wurde die Idee langsam perfektioniert .

Alle obigen Beispiele haben folgendes gezeigt: Es wurde nie die perfekte Idee von vornherein geboren, sondern die erste Idee war immer relativ einfach und verbesserungsbedürftig . Dann wurde nachgedacht, ausprobiert und verbessert , und zwar immer in vielen einzelnen Schritten .

Genau so funktioniert auch die Evolution der Lebewesen in der Natur . Es wird Schritt für Schritt geplant und ausprobiert , um die Überlebenschancen der Lebewesen zu verbessern und sie zu perfektionieren. Alle durch die Evolution auf der Erde entstandenen Lebewesen entwickelten sich so Schritt für Schritt . Selbstverständlich gingen auch in der Natur einige Versuche schief und wurden wieder korrigiert. Die so entstandenen schiefgegangenen oder sich nicht bewährten Veränderungen oder ganze Arten von Lebewesen sind so wieder von der Erde verschwunden, wie die Vergangenheit es gezeigt hat.

Die Menschheit ahmt also exakt die Natur nach.

Kapitel 14

Evolution der Sprache

Kommunikation der Atome, Moleküle, Pflanzen und Tiere ,untereinander und mit der Umwelt

Können nur die Menschen untereinander kommunizieren ?
Können auch die Tiere und Pflanzen sich gegeneinander verständigen?
Sind die Atome und Moleküle wirklich tot, oder können sie auch miteinander Informationen austauschen?

Die Menschen sind bekanntlich die einzigen Lebewesen, die sprechen und durch die Sprache miteinander kommunizieren können.

Die Frage ist aber ,ob alle übrige Lebewesen ganz stumm sind und ohne jeglichen Informationsaustausch?

Vieles spricht dafür, daß nicht nur Pflanzen und Tiere untereinander und mit der Umwelt laufend kommunizieren , sondern sogar , das was wir als „tote" Materie bezeichnen , nämlich die Atome und Moleküle.

Z.B. folgende Beobachtungen und Experimente sprechen dafür und beweisen es sogar:

1. Neuere Experimente der Quantenphysik :

a. **Der Beobachter und das von ihm beobachtete Objekt sind von einander abhängig,** d.h. durch eine Änderung der Beobachtungsweise , z.B. durch Änderungen der Einzelheiten eines Experiments, wird auch das Verhalten der Elementarteilchen beeinflußt und geändert ,z.B. ob das Photon als Teilchen oder als Welle in Erscheinung tritt, ist abhängig von den Bedingungen des Experiments

b. **Es besteht gegenseitige Abhängigkeit zwischen den beiden Teilchen eines Paares**, d.h. das Verhalten eines dieser beiden Teilchens wird geändert, wenn die Bedingungen des anderen Teilchens geändert werden, auch bei größerer Entfernung.

c. **Die Elementarteilchen haben auch die Fähigkeit , kurz aus der Oberfläche der Materie heraus zu kommen und haben sogar die Fähigkeit zum Nachbargebiet zu durchtunneln (der Tunneleffekt) .**

d. Das Vakuum ist nicht leer, wie früher geglaubt worden war, sondern dort befinden sich **Elementarteilchen, die sich laufend in Energie umwandeln und umgekehrt. Es entsteht anscheinend aus Nichts durch die sogenannte Quantenfluktuation laufend Materie .**

2. **Emission und Absorption der Lichtquanten bzw. Quantensprünge** . Elektronen eines Atoms können durch Absorption eines Photons auf ein höheres Energieniveau springen (Quantensprung). Sie können aber auch auf ein tieferes Energieniveau springen , was verbunden ist mit einer Emission vom einem Photon einer bestimmten und charakteristischen Wellenlänge. Auf diese sehr interessanten Phänomene wird unten weiter eingegangen .
Nur soviel hier an dieser Stelle : **Durch die Emission und Absorption ganz bestimmter und charakteristischer Wellenlängen und somit Farben teilen sich die Elektronen hierdurch praktisch mit und kommunizieren mit der Umwelt .**

3. **Pauli-Prinzip** : In einem Atom können niemals zwei Elektronen denselben Quantenzustand besitzen, dies bedeutet daß die Elektronen nicht in allen 4 Quantenzuständen n, l, m , s übereinstimmen können .

Es erhebt sich hier die Frage, woher die einzelnen Elektronen wissen, in welchem Zustand sich die anderen Elektronen befinden ? Ohne eine Kommunikation und Erfahrungsaustausch wäre dies nicht möglich . **Deswegen müssen die Elektronen miteinander kommunizieren .**

4. Neuere Untersuchungen im Rahmen der Materialforschung haben gezeigt, daß ständig einzelne **Atome eines Kristallgitters der Materie ihre Position innerhalb des Gitters verlassen , innerhalb der Materie weiter wandern, und sich in ein neues Kristallgitter einfügen können.** Dies wird bezeichnet als **Diffusion** in Gittern . **Dadurch stehen die einzelnen Teile der Materie unter ständigem Kontakt miteinander** und dadurch werden sehr wahrscheinlich Informationen innerhalb der Materie übertragen und ausgetauscht.

5. Ebenfalls im Rahmen der neueren Untersuchungen wurde festgestellt, daß **einzelne Atome der Oberfläche der Materie laufend aus der Oberfläche herausragen** und somit mit der Umwelt in Kontakt treten .

6. Wir wissen aus der Chemie, daß **die Atome eines Moleküls** nicht etwa still stehen , wie scheinbar aus einer Strukturformel hervorgehen mag , sondern **sich in ständiger Schwingung befinden** . Es ist bereits nachgewiesen, daß diese Schwingungen elektromagnetische Wellen hervorrufen (s. unten).

7. **Chemische Verbindungen:** Am Beispiel des Kochsalzmoleküls (**NaCl**) möchte ich dieses Phänomen genauer erklären (und muß zwecks besseren Verständnisses dieser Phänomene hier einiges nochmals wiederholen) :

Das Kochsalzmolekül besteht aus einem **Natrium**- und einem **Chloratom** .
Das **Natriumatom** mit der Ordnungszahl 11 auf der Mendelejewschen Tabelle, **das in seiner 3. (äußeren) Schale nur ein einziges Elektron** hat , **hat 1 Elektron an das Chloratom abgegeben** und somit dieses sozusagen **überzählige** Elektron auf seiner äußeren Schale in idealer Art und Weise los geworden , sodaß seine nächst tiefere 2. Schale nunmehr mit 8 Elektronen ideal voll besetzt ist
Das **Chloratom** mit der Ordnungszahl 17 hat auf seiner äußeren 3. Schale **ein Elektron vom den Natrium aufgenommen und somit seine gesamte Elektronenzahl mit 18 ideal komplementiert. Das Produkt ist also ein ziemlich ideales Ergebnis**.

Das Produkt hat **völlig andere Eigenschaften** als seine chemischen Bestandteile Na und Cl, genau so wie auch bei den anderen chemischen Verbindung .

Das Chloratom und das Natriumatom haben sich also zu etwas höherwertigerem zusammengeschlossen und sich in idealer Weise ergänzt.

Es erheben sich hier u.a. folgende Fragen: Woher wußten die einzelnen Cl-Atome Bescheid über die Zahl der Elektronen auf der äußeren Schale der Na-

Atome und umgekehrt? Woher wußten die Cl- und die Na-Atome, daß sie zueinander passen würden ?

Ganz allgemein erhebt sich hier die Frage : Woher wissen die einzelnen Atome und Moleküle , die sich miteinander verbinden , mit welchen anderen Atomen und Molekülen sie Verbindungen eingehen können und zu welchen Atomen und Molekülen sie passen ?

Ohne eine gegenseitige Kommunikation wäre dies völlig undenkbar .
Deswegen muß auch hier eine Kommunikation und Erfahrungsaustausch stattfinden .

8 Es muß auch ein **intensiver Informationsaustausch zwischen den einzelnen Genen innerhalb der Chromosomen einer Zelle** stattfinden .
Denn jedes **Gen** ist für andere Funktionen zuständig. Das Tätigwerden der einzelnen Gene muß vielfach nacheinander nach einem bestimmten Schema erfolgen, z.B. bei der Embroyogenese (Entwicklung eines Embroyos).
Wir wissen aus der Embroyologie, z. B. ,daß keineswegs alle Organe eines Embroyos gleichzeitig entstehen, sondern nach einem bestimmten Schema . Woher wissen die einzelnen **Gene** für die Entstehung der einzelnen Organe und der einzelnen Teile des Körpers Bescheid, wann sie in Funktion treten sollen und wann die vorher tätig gewordenen fertig sind ?

Chromosomen bestehen bekanntlich aus Nukleinsäure (DNA) . Es handelt sich um größere

Moleküle , die aus jeweils 3 Bausteinen (Base, Pentose und Phosphorsäure) bestehen und jeweils in 2 Ketten hintereinander gereiht wendelförmig angeordnet sind.
Bei den **Basen** handelt es sich praktisch um die **Buchstaben des Lebens** , wobei es sich nur um **4 Basen bzw. Buchstaben** handelt : Cytosin , Thymin (Pyrimidin- Derivate mit jeweils einem Ring)) , Adenin und Guanin (Purin-Derivate mit jeweils 2 Ringen). Sie werden abgekürzt als C, T, A und G . **Das Alphabet des Lebens bzw. das Code-System der Chromosomen arbeitet also nur mit 4 Buchstaben** und trotzdem ist es möglich ,durch viele Kombinationen , so viele Informationen d.h. die gesamten erblichen Eigenschaften eines Individuums zu speichern .
Damit Sie sich ungefähr vorstellen können , um wieviele Informationen es sich dabei handelt , ist zu sagen **daß z.B. in den Chromosomen der Menschen ca. 3 Milliarden Buchstaben vorhanden** sind , dies wäre der Inhalt von **100 Büchern mit jeweils 1000 Seiten , wobei jeweils 3 Buchstaben eine Information bilden**.

9. Es muß ein **umfangreicher Informationsaustausch zwischen den DNA- Molekülen** (Bausteine der Chromosome) **und der Umwelt stattfinden** . Anderes ist die Evolution weder möglich, noch vorstellbar. Wie sollten sich sonst die DNA- Moleküle laufend an die Umwelt anpassen , die Überlebensfähigkeit der Lebewesen laufend verbessern und immer weiter entwickelte Lebewesen zustande bringen , wie wir aus der Evolution kennen? Unabdingbare Voraussetzung dafür wäre , daß die DNA laufend Informationen aus der Umwelt erhält .

10. Es ist bekannt und experimentell nachgewiesen, daß **Pflanzen ihre Umgebung spüren , z.B. Pflanzen fühlen sich wohler (wachsen z.B. besser) , wenn sie regelmäßig gestreichelt werden, wenn man in ihrer Nähe musiziert und ferner wenn artgleiche Pflanzen nebeneinander stehen. Es ist ferner bekannt, daß einige Pflanzen neben einigen Pflanzen sich wohler fühlen und neben einigen anderen Pflanzen sich so unwohl fühlen , daß sie sogar absterben** .

11. Daß auch die **Tiere** untereinander intensiven Kontakt haben , ist eine bekannte Tatsache , sodaß eine ausführlichere Darstellung hier an dieser Stelle sich erübrigt .
Dieser Kontakt geschieht u.a. auch durch Töne , die teilweise im Ultraschalllbereich und teilweise im sehr tiefen Bassbereich liegen .

12. Es muß auch ein Informationsaustausch stattfinden **zwischen den Gehirnen der Menschen untereinander,** da anders die Phänomene der **Telepathie** (die nicht zu leugnen ist) nicht zu erklären sind . Wir haben z.B. sicherlich alle schon erlebt, daß manchmal wenn wir an eine Sache denken, jemand , der in der Nähe steht , ebenfalls gleichzeitig an dieselbe Sache denkt und dies auch äußert. Man spricht in diesem Zusammenhang in der Umgangssprache sogar von der **Gedankenübertragung** .

Wie können diese Kommunikation stattfinden ?

Im **Mikrobereich** spielen Ladungen ,sei es **negative Ladungen** der **Elektronen** und **Kationen**, **positive Ladungen** der **Protonen** oder **Anionen** eine sehr wichtige Rolle und **es wäre äußerst plausibel, daß sie Informationen übertragen und so Kommunikationen ermöglichen.**

Elektrische Felder , die durch Bewegungen der frei beweglichen Elektronen entstehen und die sie begleitenden **Magnetfelder** und auch die **magnetischen Dipole der Atome** sind ebenfalls als Kommunikationsmittel sehr gut geeignet. Insbesondere aber die **elektromagnetischen Wellen sind die perfekten** Mittel zur Informationsübertragung und dienen sogar auch als **Kommunikationsmittel der gesamten Bestanteile des Universums** auch über Entfernungen von Milliarden Lichtjahren (z.B. Licht und Radiosignale , die wir von Sternen und Galaxien empfangen).

Es ist also sehr naheliegend und sogar äußerst plausibel, daß die Kommunikation zwischen den Atomen , Molekülen, Pflanzen und Tieren durch die elektromagnetischen Wellen (Radiowellen) geschieht , bei sehr kleinen Distanzen auch durch die elektrischen Ladungen und durch die Magnetfelder.

Es ist bereits bekannt, daß einzelne **Atome und Moleküle** charakteristische **Spektren (Emissions- und**

Absorptionsspektren) haben , aufgrund dessen sie eindeutig identifiziert werden können .

Es ist dabei zu bedenken, daß die elektromagnetischen Wellen der Atome erheblich einfacher aussehen, als die elektromagnetische Wellen der Moleküle , da die Moleküle bekanntlich jeweils aus mehreren Atomen bestehen . Die Wellen der organischen Moleküle und insbesondere der großen organischen Moleküle , wie Eiweiße und DNA müssen noch erheblich komplizierter sein .
Die Ringstrukturen der Moleküle dürften bei der Entstehung der elektromagnetischen Wellen eine wichtig Rolle spielen .

Bei den Pflanzen und den Tieren werden die Wellen noch komplizierter sein .

Die **Frequenz** dieser elektromagnetischen Wellen dürfte je nach der Größe der miteinander kommunizierenden Teile entweder im **Lichtbereich** (inklusive **Infrarotbereich**) und zumindest bei Pflanzen und Tieren im **Gigaherz-Bereich** der elektromagnetischen Strahlen liegen .

Es lohnt sich Versuche durchführen zwecks Nachweis dieser Wellen , die jedoch sehr schwach sein werden und deswegen schwierig meßbar. Es wäre jedoch eine sensationelle Sache sie nachzuweisen.

Der Nachweis solcher Welle würde gleichzeitig sehr viele Phänomene in der Natur erklären , die bisher unerklärbar sind , von denen einige wenige oben als Beispiel erwähnt worden sind .

Auch das **EEG** wird wahrscheinlich von elektromagnetischen Wellen begleitet und der Nachweis dieser Wellen würde uns helfen die EEG-Wellen besser zu verstehen .
Dasselbe dürfte auch für das **EKG** zutreffen .

Ferner dürfte diese Kommunikation selbstverständlich auch **durch direkten Kontakt** stattfinden.

Deswegen **lebt auch die als tot bezeichnete Materie (s. mein Buch „ Leben, Krankheit, Altern, Tod“** , ferner **meine betreffenden wissenschaftlichen Arbeiten),** wobei auch die Bestandteile der Materie, die **Atome und Moleküle**, ja sogar auch die einzelnen Bestandteile der Atome , nämlich die **Elektronen , Protonen und Neutronen , durchaus lebendig sein dürften. Sie alle stehen in ständigem Kontakt miteinander und auch mit der Umwelt .**

wir müssen deswegen unsere Vorstellung über das Leben und den Zustand, den wir als tot bezeichnen, gründlich überdenken , wenn wir viele Phänomene auf unserer Erde sowie im ganzen Universum verstehen wollen .

Das Leben, wie wir es erleben, ist nichts Phänomenales , sondern ist eine im Universum weit verbreitete Erscheinung und ist eng mit der Materie verbunden. Nur die einzelnen Formen sind verschieden und sind verschieden stark entwickelt **(vergl. auch mein Buch „ leben , Krankheit, Altern , Tod“) .**

Eine Pflanze und auch ein Tier erlebt das Leben nicht wie wir es erleben, und erst recht nicht die Materie., sondern anders.

Unser Leben ist das Produkt einer langen Evolution von Milliarden Jahren und hat sich somit im Laufe der Zeit sehr stark entwickelt , differenziert und perfektioniert . Wir verfügen über stark entwickelte und äußerst leistungsfähige Organe wie das Gehirn und ebenfalls stark entwickelte und äußerst leistungsfähige Sinnesorgane , wie Augen und Ohren .
Den Atomen fehlen selbstverständlich solche Organe . Deswegen kann die Kommunikation dort nur auf einem sehr einfachem und primitiven Niveau stattfinden . Hier ist zu erwähnen z.B. die **Emission und Absorption der Lichtquanten** durch die Atome bzw. ihre Elektronen , die auch einen **Informationsaustausch** darstellt .

Nur so ist die ganze Natur und das ganze Universum verständlich.
Und ebenfalls und insbesondere nur so wird die gesamte Evolution der Lebewesen verständlich .

Auch die Materie muß sich laufend darüber orientieren können, was in der Außenwelt los ist, damit sie, soweit es möglich , sich anpassen und somit effektiv überleben kann .

Das gesamte Geschehen auf unserer Erde ab ihrer Entstehung vor ca. 4,6 Milliarden Jahren wäre überhaupt nicht verständlich , wenn wir meinen würden , daß nur das was wir als Lebewesen bezeichnen , leben würde und alles andere tot wäre .

Wie würde dann die Evolution zustande gekommen sein und wie würden die DNA-Moleküle festgestellt haben , was überlebensfähig ist und was nicht , und wie und in welcher Richtung die Evolution weiter gehen kann ?

Auch das ganze Universum wäre überhaupt nicht verständlich , wenn man meinen würde, es würde sich bloß um einen wilden Haufen von toten Steinen und toter Materie handeln, die wild in dem Raum fliegen würden.

Deswegen lebt auch die tote Materie im ganzen Universum , wenn auch ganz anders als wir. Alles steht miteinander in Kommunikation . wobei die Art der Kommunikation ganz verschieden ist . Wenn die Abstände es ermöglichen, ist diese Kommunikation natürlich durch den **direkte Kontakt** möglich , oder durch **elektrische Ladung** oder **Magnetfelder** . Sonst erfolgt der Kontakt durch **elektromagnetische Wellen** , wie Radiowellen, Licht , oder Gravitationswellen, je nach der Entfernung oder sonstigen einzelnen Umständen. Wir kennen auch Kommunikation durch **andere Wellen**, wie z.B. die Schallwellen , Wasserwellen , aber auch die Erdbebenwellen müssen hier genannt werden .

Die elektromagnetischen Wellen sind praktisch die Boten des Universums (Näheres s. meine wissenschaftliche Arbeit über die elektromagnetischen Wellen).

Z. B. wir können hier auf unserer Erde das **Licht** der Sterne empfangen, die Milliarden Jahre von uns entfernt sind . Genauso können auch mögliche Bewohner der Planeten der betreffenden Sterne das Licht unserer Sonne empfangen .

Wir wissen ferner aus der Physik, daß der Empfang (Absorption) der Lichtphotonen Effekte an den Atomen verursachen (Quantensprünge) .

Es handelt sich somit um Wechselwirkungen zwischen dem Licht und den Atomen und somit um eine Art **Daten- bzw. Informationsaustausch .**

Aus der Analyse des Lichtes der anderen Sterne können wir z.B. feststellen , welche Elemente auf dem betreffenden Stern vorhanden sind , welche Elemente in der Atmosphäre des Sternes vorkommen und wie heiß ungefähr der betreffende Stern ist.
Ferner verrät uns das Licht der Sterne im Rahmen der Doppler-Effekts , ob der betreffende Stern sich von uns entfernt , oder sich uns nähert und ungefähr mit welcher Geschwindigkeit .

Eine weitere Art der gegenseitiger Kontaktaufnahme durch die elektromagnetischen Wellen im Universum über sehr weite Distanzen geschieht z.B. durch die **Gravitationswellen** . **Es handelt sich hierbei ebenfalls u.a. um eine Art Datenaustausch** , z.B. bezüglich der gegenseitiger Masse (vergl. auch meine wissenschaftlichen Arbeiten über die Gravitationswellen) .

Röntgenstrahlen und die **Radiowellen** der Himmelskörper sind **weitere Beispiele für die gegenseitige Kontaktaufnahme**, gegenseitigen Datenaustausch und somit gegenseitigen Austausch von Informationen zwischen den Himmelskörpern .

Zusammengefasst ist nur so die Natur und das ganze Universum verständlich , wie oben dargestellt . Das ganze Universum wäre überhaupt nicht verständlich , wenn man meinen

würde, es würde sich bloß um einen wilden Haufen von toten Steinen und toten Materie handeln, die wild in dem Raum fliegen würden.

Alle Bestandteile des Universums stehen vielmehr miteinander in kommunikation .

Die Kommunikation der Menschen untereinander durch Sprache ist also eine erhebliche Weiterentwicklung und Perfektionierung der oben beschriebenen Kommunikationen . Sie stellt eine echte Evolutionsleistung dar.

Kapitel 15

Gibt es Leben auf anderen Planeten ?

Gibt es vielleicht grüne Mars-Menschen ?
Werden wir eines Tages Besuch bekommen von Anwohnern anderer Planeten des Universums?

Früher glaubte man , daß es auf dem Planeten Mars so etwas wie grüne Mars-Menschen geben würde . Nach der Erforschung des Mars durch die moderne Raumtechnik mit Entsendung von Mars-Sonden haben sich diese Vermutungen jedoch als völlig falsch erwiesen .
Nachdem auch die anderen Planeten unseres Sonnensystems systematisch durch Sonden untersucht und fotografiert worden sind, sehen wir die Sachen mittlerweile viel nüchterner und wir wissen heute, daß zumindest größere und weiterentwickelte Lebewesen oder sogar Menschen auf den anderen Planeten unseres Sonnensystems nicht existieren.

Es ist jedoch nicht ausgeschlossen, daß auf einem anderen Planeten unseres Sonnensystems bzw. auf irgendeinem ihrer Trabanten primitive Lebewesen , wie z.B. Mikroorganismen vorkommen.

Nach meiner persönlichen Meinung **ist es durchaus möglich und sogar sehr wahrscheinlich, daß sogar auf dem Planeten Mars Leben etwa in Form von Mikroorganismus existiert , das** jedoch wegen der äußerst dünnen Atmosphäre des Mars und des ungestörtem Eindringens der tödlichen UV- Strahlen bis zur Oberfläche des Mars, nicht **auf** der Oberfläche, sondern **im Boden**, d.h. **unter** der Oberfläche des Mars angesiedelt ist . Wir wissen, daß die Atmosphäre des Mars keinen Sauerstoff enthält und keine Flüsse und Meere auf der Oberfläche des Mars existieren . **Die rote Oberfläche des Mars deutet jedoch darauf hin, daß dort massenhaft Eisenoxyd vorhanden ist und somit der Sauerstoff in chemisch gebundener Form existiert .**

Es ist ferner durchaus wahrscheinlich, daß <u>im</u> Boden des Mars , nahe der Oberfläche auch Wasser vorhanden ist (wir wissen, daß früher <u>auf</u> der Oberfläche von Mars Wasser geflossen ist).

Deswegen würde im Boden des Mars sowohl Sauerstoff, als auch Wasser vorhanden sein, wenn auch anders als hier auf der Erde , somit wären die Voraussetzungen für die Existenz des Lebens gegeben.

Auf jeden Fall aber existieren höher entwickelte intelligente Lebewesen und weit fortgeschrittene Zivilisationen auf den Planeten <u>anderer</u> Sonnensysteme, die sogar noch weiter entwickelt sein können als die Menschen auf der Erde . Wir wissen , dass es im Universum zahlreiche Sonnensysteme gibt .

Wenn wir die Möglichkeiten der Existenz des Lebens auf anderen Planeten im Universum untersuchen, so sind wir gewöhnt, von irdischen Verhältnissen auszugehen. Deswegen wollen wir in diesem Kapitel uns auch damit auseinander setzen, ob es anderswo auch andere Möglichkeiten gibt.

Wir haben auf der Erde folgende Voraussetzungen , die für die Entstehung des Lebens unerläßlich waren:

1. **Gemäßigte Temperaturen**
2. **Wasser**
3. **Sauerstoff**

1. Gemäßigte Temperaturen sind eine unabdingbare Voraussetzung für die Entstehung des Lebens , da alle Lebewesen aus Molekülen bestehen und Moleküle bei höheren Temperaturen in Atome zerfallen .

Da wir aufgrund von spektroskopischen Informationen von anderen Regionen des Universums wissen, daß auch in anderen Regionen im Universum **dieselben Atome** vorkommen wie auf der Erde , und ferner weil alle Lebewesen nur aus Molekülen bestehen können, müssen auch die Lebewesen aus anderen Regionen des Universums aus der Verbindung derselben Atomen bestehen, die auch hier auf der Erde vorkommen, wenn auch nicht unbedingt aus denselben Verbindungen.

Da aber fast alle Moleküle im allgemeinen keine höheren Temperaturen vertragen , können wir daraus schließen, daß auch die Lebewesen in anderen Regionen des Universums gemäßigte Temperaturen benötigen, da sie bei höheren Temperaturen zerstört würden .

Insbesondere Proteine , die Hauptbestandteile der irdischen Lebewesen sind, sind gegen Hitze sehr empfindlich .

Deshalb müssen auch anderswo im Universum **gemäßigte Temperaturen** für die Entstehung des Lebens unerläßlich sein .

Gemäßigte Temperaturen gibt es aber **nur auf Planeten** , da die Sterne selbst zu heiß sind , wobei meistens **nur wenige Planeten** in einem Sonnensystem gemäßigte Temperaturen haben können , wie uns aus unserem Sonnensystem bekannt ist.

2. Das Wasser muß ebenfalls als eine unbedingte Voraussetzung für die Entstehung des Lebens auf anderen Planeten angesehen werden, weil wir aus der Chemie , Medizin und Biologie wissen, daß Voraussetzung für das Zustandekommen von so gut wie allen chemische Reaktionen und somit auch Voraussetzung für das Zustandekommen von Enzymreaktionen , das Vorhandensein von Wasser ist, d.h. weil so gut wie alle chemische Reaktionen nur in wässrigen Lösungen ablaufen.

3. Sauerstoff , jedoch nicht unbedingt in freier Form , sondern auch in physikalisch oder chemisch gebundener Form :

Es gibt zwar die Möglichkeit, sozusagen durch direkte Nutzung der Sonnenenergie die notwendige Energie zum Leben zu gewinnen (z.B. durch Photosynthese) , und

Sauerstoff wäre dazu nicht erforderlich. So sind z.B. die ersten Vegetatjonen auf der Erde entstanden (die Algen).
Es gibt auch Anaerobier, d.h. Lebewesen, die ohne Sauerstoff auskommen und für ihre Energiegewinnung auf Sauerstoff nicht angewiesen sind wie Clostridium tetani (Tetanus-Erreger).

Jedoch für die Entwicklung der höheren und insbesondere intelligenten Lebewesen, ist **Sauerstoff** unentbehrlich, da die durch die Verbindung von Sauerstoff mit Wasserstoff erzielte chemische Energiemenge am höchsten ist .
Es würde aber ausreichen, wenn Sauerstoff in gebundener Form (also in Form seiner chemischen Verbindungen , oder in physikalisch gebundener Form) vorliegen würde, da andersartige Lebewesen theoretisch auch Sauerstoff aus einer chemischen oder physikalischen Verbindung verwenden könnten

Es muß an dieser Stelle darauf hingewiesen werden , daß die Lebewesen hier auf der Erde (mit kleinen Ausnahmen) ihre Energie beziehen durch Verbinden von Sauerstoff mit Wasserstoff .

Es muß zwar betont werden, daß **die Verbindung von Sauerstoff mit Wasserstoff die höchst mögliche chemische Energie liefert** , doch es wäre durchaus auch denkbar, daß auf anderen Planeten **die erforderliche Energie auch durch Verbindung von Sauerstoff mit anderen Elementen** gewonnen wird.

Wir sollten deswegen bei der Suche nach dem Leben auf anderen Planeten den Rahmen weiter spannen und auch andere Möglichkeiten in Betracht ziehen .

Es erhebt sich hier die Frage, wenn es anderswo im Universum intelligente Lebewesen gibt, weshalb sie bisher keinen Kontakt zu uns hergestellt haben ,etwa keine Signale gefunkt haben , und weshalb sie uns bisher nicht besucht haben, und ferner weshalb wir zu denen bisher keinen Kontakt herstellen konnten oder sie sogar nicht besuchen konnten.

Der Grund liegt darin, daß wir **im Universum mit riesigen Entfernungen zu tun haben , die deswegen üblicherweise in Lichtjahren angegeben werden .** Deswegen wäre selbst das Licht (Geschwindigkeit 300 000 km/s) mehrere Tausend, mehrere Millionen oder sogar mehrere Milliarden Jahre unterwegs, bis es entferntere Regionen des Universums erreicht.

Trotz der enormen Fortschritte der Raumfahrttechnik, sind unsere Raumschiffe viel zu langsam und wären viele Jahre unterwegs . Die **fehlende Gravitation** müßte künstlich erzeugt werden, da sonst bei den Astronauten , die mehrere Jahre unterwegs sein würden, sich **Atrophien** einstellen würden. Es gibt aber auch einige weiteren Probleme, die hier im Rahmen dieses Buches nicht mehr erwähnt werden können .

Die Entfernungen sind so riesig, daß selbst die **elektromagnetischen Wellen,** die man zur Entsendung von Nachrichten brauchen würde, mit Ausnahme der „ näheren „ Umgebung von uns, mehre Tausend, mehrere Millionen oder evt. mehrere Milliarden Jahre unterwegs wären , **obwohl die elektromagnetischen Wellen sich ebenfalls mit der Lichtgeschwindigkeit von 300 000 km/s sich ausbreiten** . Eine Zivilisation, die so eine Nachricht absenden würde, wäre bei der Ankunft der Nachricht nicht mehr existent . Ein gegenseitiger Austausch von Botschaften wäre deswegen bei entfernteren Regionen des Universums nicht möglich. Es gibt aber auch einige weitere Probleme, die aber hier zu erwähnen, würde den Rahmen dieses Buches ebenfalls sprengen .

Trotzdem wäre es theoretisch möglich , eines Tages solche von anderen intelligenten Lebewesen von den Planeten anderer Sonnensystemen abgesendeten Botschaften hier auf der Erde zu empfangen , wobei u.a. **die nicht bekannte Frequenz und die Schwäche solcher Signale Probleme bereiten .**

Es gibt aber erfreulicherweise einige Wissenschaftler , die seit Jahren versuchen, solche Botschaften von entfernten Zivilisationen zu empfangen und deswegen die verschiedenen Himmelregionen nach solchen Signalen „abtasten“. Es bleibt nur denen bei ihrer Suche viel Erfolg zu wünschen .

Kapitel 16

Evolution der Erde

***Unser blauer Planet ist eine Schönheit , die sich jedoch langsam im Laufe von Milliarden von Jahren entwickelt hat . Anfänglich war unser Planet nicht einmal blau , da auf seiner Oberfläche noch kein Wasser vorhanden war , ja es existierte nicht einmal eine Atmosphäre .
Es ereigneten sich laufend gewaltige Vulkanausbrüche, die Feuer , Lava, Asche und vor allen gewaltige Mengen Wasserdampf und Gase ausspuckten. Anfänglich war die Erde ferner insofern ein toter Planet, als noch kein Leben existierte, weil die Voraussetzungen für die Entstehung bzw. Existenz der Lebewesen fehlten.***

Auch unsere Erde ist entstanden bzw. geboren, und zwar vor ca. 4,6 Milliarden Jahren und befindet sich sozusagen z. Zeit Mitten im Leben . Sie wird , wenn alles gut geht, d.h. wenn sie nicht vorher durch Menschen etwa durch Atombomben zerstört werden sollte, noch etwa 4 Milliarden Jahre leben bevor sie dann sozusagen durch die Hand der Natur zerstört wird , d.h. sie wird von unserer Sonne buchstäblich verschluckt bzw. verglüht werden .

Wenn wir uns unsere Erde vom außen , d.h. vom Weltraum ansehen würden (s. Abb.), und sie mit den anderen Planeten unseres Sonnensystems vergleichen, so läßt die **blaue Farbe** des Planeten ahnen, daß wir es nicht nur mit einem Planeten mit einer außergewöhnlicher Schönheit zu tun haben , sondern daß auch mit einem Planeten, der eine Sonderstellung in unserem Planetensystem einnimmt .
Noch in der ersten Hälfte des 20. Jahrhunderts hatten wir keine Ahnung , wie unsere Erde wirklich von draußen aussieht.

Erde

Unsere Erde hat aber keineswegs am Anfang , d.h. vor ca. 4,6 Milliarden Jahren bzw. kurz nach ihrer Entstehung so ausgesehen, wie heute, sondern sie war nicht blau, da noch kein Wasser auf der Erde vorhanden war . Sie hatte anfänglich nicht einmal eine Atmosphäre .

Unsere Erde hat eine 4,6 Milliarden Jahre alte Geschichte hinter sich. Anfänglich war die Erdoberfläche heiß , es brachen laufend **gewaltige Vulkane** aus, die durch Gasausbrüche langsam dafür sorgten, daß sich eine Atmosphäre bildete, die allerdings anfänglich eine völlig andere Zusammensetzung hatte und noch kein Sauerstoff enthielt. Die UV-Stahlen der Sonne erreichten deswegen die Oberfläche der Erde und hätten jegliches Leben auf der Erde zerstört.
Langsam kühlte sich die Erde ab .
Die gewaltigen Vulkane sorgten dafür, daß sich langsam Wasser auf der Oberfläche der Erde sammelte, da die Vulkane gleichzeitig gewaltige Mengen von Wasserdampf nach außen beförderten . Es entstanden im Laufe von Jahrmillionen langsam Ozeane .

Die ersten Lebewesen entstanden in den Ozeanen, da das Wasser die UV-Strahlen der noch atmosphärenlosen Erde ausfiltrierte .

Nicht einmal die Kontinente, in der heutigen Form wie wir sie kennen , existierten, sondern mußten sich langsam entwickeln .

Unsere heutige Erdkruste besteht aus 6 größeren und ca. 10 kleineren **Platten bzw. Schalen**, ähnlich wie Eierschalen, die sich langsam gegeneinander verschieben , so daß sich Spannungen zwischen den betreffenden Platten aufbauen , die sich von Zeit zu Zeit in Form von **Erdbeben** entladen , indem es zu ruckartigen kurzen aber gewaltigen Bewegungen zwischen den einzelnen Platten kommt. Diese Erdbeben führen bekanntlich teilweise zu verheerenden Zerstörungen und können teilweise sogar ganze Städte innerhalb von Sekunden bzw. wenigen Minuten zerstören , wie z.B. der große Erdbeben in San Francisco im Jahre 1906 .

Unsere Erde führt einige **Bewegungen** aus:
Sie **rotiert** um die eigene Achse , Sie **umkreist die Sonne** mit einer großen Umlaufgeschwindigkeit von 29.8 km/s (nicht pro Stunde !), und Sie führt eine sogenannte **Präzession** durch .

Auch diese Bewegungen haben sich im Laufe der Jahrmilliarden seit der Entstehung der Erde geändert:

Wir wissen, daß die Erde früher schneller um die eigenen Achse rotiert hat, **so daß die Tage und die Nächte früher kürzer gewesen sein müssen**.

Wir wissen ferner, daß die mittlere Entfernung der Erde zur Sonne früher kleiner war und langsam größer geworden ist, **so daß früher die Erde heißer gewesen sein und die Jahre kürzer gewesen sein müssten.**

Die obigen Ausführungen zeigen also , dass unsere Erde keineswegs tot ist sondern im Gegenteil sehr aktiv und lebendig, wenn auch in einem andern Sinne .

Unsere Erde hat praktisch gleichzeitig mit ihrer Entstehung einige **Überlebensrezepte** sozusagen mitbekommen, sonst wäre sie schon längst zerstört worden.

Es handelt sich bei diesen Überlebensrezepten z.B. um **die Rotation der Erde um die eigene Achse und um die Umkreisung der Sonne .**

Ohne die Rotation um die eigene Achse und ohne Umkreisung der Sonne wäre sie sonst längst von der Gravitations- bzw. der Zentrifugalkraft zerstört worden .
Wegen der näheren Begründung und ausführlicherer Darstellung wird verwiesen auf **mein Buch „ Das Geheimnis der Entstehung des Universums „** , da eine ausführlichere Darstellung an dieser Stelle den Rahmen dieses Buches sprengen würde.

Wenn nichts Außergewöhnliches etwa durch Menschenhand geschieht, so wird unsere Erde noch ca. 4 Milliarden Jahre weiter leben. Dann findet sie allerdings ihren **natürlichen Tod, dadurch daß sie sozusagen von der sich aufblähenden Sonne verschluckt bzw. verglüht wird .**
Das wird auch das Schicksal anderer Planeten unseres Sonnensystem sein .

Zusammengefaßt hat also auch unsere durchaus lebendige Erde eine Entstehung bzw. Geburt hinter sich, befindet sich z. Zeit mitten im Leben und wird eines Tages sterben, nur das Leben der Erde ist anders und auch erheblich länger als unser Leben und wird deshalb in Milliarden Jahren gemessen .

Sie hat eine sehr erfolgreiche Evolution hinter sich, da sie , wie oben ausführlich dargestellt, die Voraussetzungen für Entstehung des Lebens und für die Evolution der Lebewesen geschaffen hat .

Kapitel 17

Evolution der Sterne

Gibt es das Phänomen Geburt auch bei den Sternen ? Sind die Sterne , die wir jede Nacht am Himmel beobachten und teilweise sogar im Altertum beschrieben und mit fantastischen Namen versehen worden sind , ewige Erscheinungen ? oder machen sie ein Leben durch und sterben irgendwann ?

Die meisten Sterne, die wir nachts am Himmel sehen, befinden sich mitten im Leben (genauer gesagt befanden sich mitten im Leben als das Licht, was wir hier empfangen die Sterne verließ) .

Nur relativ selten gelingt es uns Aufnahmen von einigen Himmelsregjonen zu machen, wo **junge Sterne geboren werden** , wie z.B. im Orion-Nebel (s. Abb. 1) :

Bildquelle: Nasa-Hubble

Abb. 1

Oder in anderen Himmelsregionen (s. Abb. 2) :

Bildquelle: Nasa-Hubble

Abb. 2

Sterne entstehen durch Kondensationen von Wasserstoff- und evt. anderen Atomen , die sich durch Anlagerung von weiteren Atomen zunächst weiter vergrößern.
Bei weiter wachsender Größe werden die Gravitationskräfte im Inneren des Sterns immer größer und führen dann zu einer Kontraktion des entstehenden Sterns und somit zu massivem Druckanstieg in seinem Inneren . Dadurch erhöht sich die Temperatur massiv im Zentrum des Sterns , sodaß beim Erreichen einer kritischen Temperatur von etwa 5 Millionen Grad Kelvin Kernfusionen einsetzen , sodaß die Wasserstoffatome sich in Helium umwandeln , und dadurch die Energiequelle des Sterns angezapft wird, die ihn im Laufe seines gesamten Lebens mit Energie versorgt .
Dadurch steigen auch die Temperaturen im Inneren des Sterns weiter und erreichen ca. 20 Millionen Kelvin , wie es bei unserer Sonne und bei den meisten Sternen der Fall ist.
Durch die Kernfusion im Stern entstehen im Laufe von Milliarden Jahren dauernden Lebens des Sterns langsam aus Wasserstoffatomen zunächst Helium und später schwerere Elemente der Mendelejewschen Tabelle (Periodensystem der Elemente), d.h. sie werden praktisch im Laufe der Milliarden Jahre dort gebacken .

So können die Sterne wortwörtlich ein leuchtendes, buntes und sehr langes Leben genießen und liefern so die schwereren Atome des Universums, die somit in den Sternen gebacken werden .

So sind auch z.B. die Atome entstanden, aus denen wir aufgebaut sind, wie z.B. die Kohlenstoff -, Sauerstoff- , Stickstoff- , Schwefel- und Eisen-Atome unseres

Körpers, die irgendwann vor der Entstehung unserer Erde im Inneren eines Sterns gebacken worden sind .

Wie bereits erwähnt leben die Sterne meistens mehrere Milliarden Jahre .
Irgendwann neigen dann die Wasserstoff- bzw. Energievorräte des Sterns zu Ende, auch wenn sie riesig sind . Dann ist der Tod des Sterns nicht mehr weit entfernt.

Der Tod der Sterne geht jedoch keineswegs geräuschlos vor sich, sondern das Milliarden Jahre dauernde Leben der größeren Sterne geht mit einer **riesengroßen Explosion** einher, die **als Nova- oder sogar als Supernova-Explosion** zwar selbstverständlich hier auf der Erde nicht hörbar , aber öfters als markantes **Aufleuchten** sichtbar wird (s. Abb.3) :

Bildquelle: Nasa-Hubble

Abb. 3

Eine dieser Supernova-Explosionen ereignete sich z.B. im Jahre 1054 und wurde von Chinesen beschrieben . Die Überreste dieser Explosion sind heute noch sichtbar und bekannt als Krebsnebel (s. Abb. 4):

Bildquelle: Nasa-Hubble

Abb. 4

Also auch die Sterne entstehen irgendwann, d.h. sie werden geboren ,machen ein Leben durch

und Sterben irgendwann , jedoch in einer anderen und abweichenden Form.

Auch bei den Sternen bleiben nach dem Tod Überreste übrig, die je nach der Größe der betreffenden Sterne als weiße Zwerge oder als Neutronensterne bzw. sogenannte schwarze Löcher bezeichnet werden .

Es muß noch erwähnt werden, dass insbesondere solche Neutronensterne als sehr starke Gravitationsfelder noch sehr lange nach dem Tod der betreffenden Sterne aktiv sind und Ihre Umgebung massiv beeinflussen können .

Also auch die Sterne machen eine sehr wichtige und sehr erfolgreiche Evolution durch, insbesondere da sie , wie oben ausführlich dargestellt, erst die Voraussetzungen für Entstehung des Lebens und für die Evolution der Lebewesen hier auf der Erde geschaffen haben, dadurch daß sie dafür gesorgt haben, daß alle Atome (außer Wasserstoff) aus denen unsere Körper aufgebaut sind entstehen bzw. sozusagen „gebacken“ werden.

Kapitel 18

Evolution des Universums

Die **Evolution des Universums** habe ich sehr ausführlich beschrieben im Rahmen meiner **DPNS-Theorie (Dynamische phasenverschobene Nullsummen-Theorie).**

Diese spannende Theorie ist sehr ausführlich dargestellt in meinem Buch „ Das Geheimnis der Entstehung des Universums, meine DPNS-Theorie ,, und kann hier im Rahmen dieses Buches leider nur kurz erwähnt werden, da sonst der Rahmen dieses Buches gesprengt würde.

Wenn Sie sich näher für diese Thematik interessieren , möchte ich Sie deswegen verweisen auf mein oben genanntes Buch, das neben einer erheblich ausführlicheren Darstellung meiner DPNS-Theorie, einige weitere interessante Theorien von mir sowie viele faszinierenden Darstellungen und Ausführungen aus dem Gebiet der Astronomie und Schöpfung beinhaltet .

Nach meiner DPNS-Theorie ist das Universum aus 0 hervorgegangen und ist ein kugelförmiges, dynamisches und phasenverschobenes Nullsummen-System, das Pulsationen durchführt zwischen 0 und unendlich , d.h. daß mal größer und schließlich unendlich groß wird ,und mal kleiner wird und schließlich einen 0-Wert annimmt , wobei zwischen diesen 2 Zuständen viele Milliarden von Jahren liegen. Es handelt sich um riesige Schwingungen zwischen Nichts (0) und Alles (unendlich).

Am Anfang der Expansionsphase steht die Zeit bei 0 und fängt an zu laufen. Es entsteht laufend Raum , d.h. der Raum wird immer größer , und es entsteht laufend Energie , wobei aus der Energie laufend Materie entsteht. Am Ende der Expansionsphase bzw. am Anfang der Kontraktionsphase fängt die Zeit, nach kurzem Stillstand wieder an zu laufen, jedoch in umgekehrter Richtung ,der Raum wird dann immer kleiner und auch die Energie wird immer geringer, wobei aus der Energie laufend Antimaterie entsteht .

Wir wissen aus der Physik, daß Energie und Masse äquivalent sind, d.h. daß sie gleichwertig sind . Sie können sich ferner ineinander umwandeln.

Diese Theorie basiert auf den Gesetzen und Prinzipien der Mathematik und Physik , auf Beobachtungen und Experimenten der Physik , auf Naturgesetzen , sowie auf den

Beobachtungen der Natur, Gleichzeitig wird diese Theorie dadurch bewiesen.

Ergänzend möchte ich ferner an dieser Stelle verweisen insbesondere auf meine folgenden wissenschaftlichen Arbeiten : "Hinter den Quasaren", "Leuchtfeuer am Scheitelpunkt des Universums", "Am Anfang war es ganz düster ", " Die pränatale Galaxie- und Sternentwicklung bzw. die Entstehung der Materie ", „Das Geheimnis der Galaxien" , "Wo befinden wir uns im Universum?", "Reise tief ins Universum", "Das verzerrte Universum", "Wir rasen durchs Universum“, "Ist die Bezeichnung Raum-Zeit-Kontinuum sinnvoll ?", "Entfernung als Maßstab für die Vergangenheit?", Das Alter des Universums " , "Weshalb ist das Universum so groß?" , und möchte darauf hinweisen, daß jede wissenschaftliche Arbeit u.a. mindestens eine Theorie von mir beinhaltet.